放射性廃棄物

原子力の悪夢

ロール・ヌアラ 著／及川美枝 訳

緑風出版

*Arteのためにエリック・ゲレが制作し、2009年10月13日に放映されたドキュメンタリー映画、「放射性廃棄物、原子力の悪夢」のために行なわれた調査より。

DÉCHETS,
LE CAUCHEMAR DU NUCLÉAIRE
by Laure NOUALHAT
Préface d'Hubert REEVES

「耐える義務は、知る権利を伴う」

ジャン・ロスタン

知る人ぞ知る

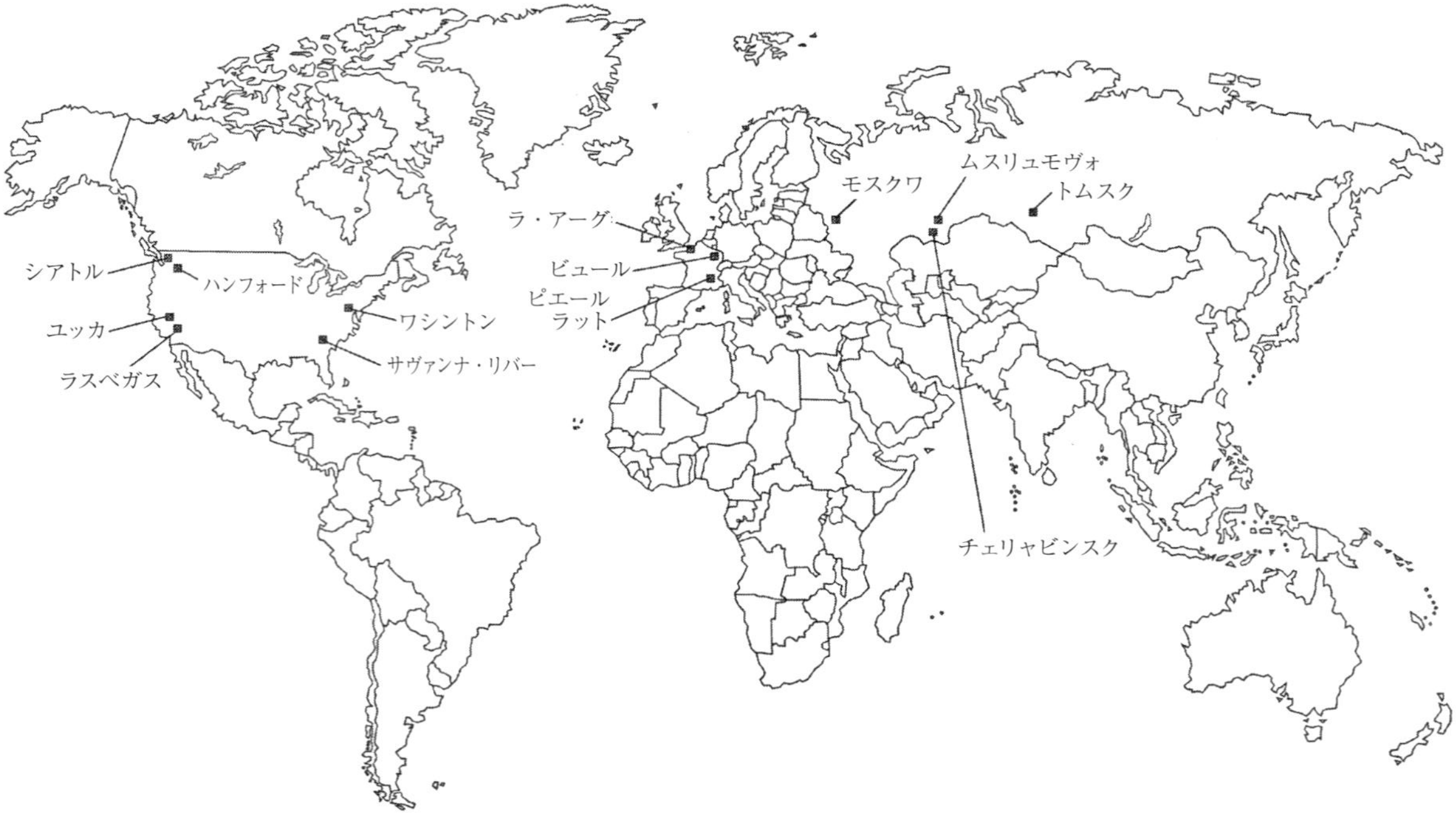
シアトル
ハンフォード
ユッカ
ラスベガス
ワシントン
サヴァンナ・リバー
ラ・アーグ
ビュール
ピエールラット
モスクワ
ムスリュモヴォ
トムスク
チェリャビンスク

日本語版へのまえがき

フクシマを経験しつつある日本の友人たちへ

ロール・ヌアラ

私の国フランスは、原子力依存度が世界一高い国であり、その直後に来るのが日本である。(原注1)(訳注)フクシマの衝撃はフランスにまたとない貴重な教訓を与え、原子力に頼るこの国のエネルギー政策を問い直すきっかけになった。とはいうものの、福島第一原子力発電所の原子炉が受けた被害が、何よりもまずフランスの世論や原発当局に爆弾的効果をもたらした一方で、この発電様式を積極的に擁護する声も急速に高まっているのも事実なのである。

原子力エネルギーによる発電は、かつてないほど世論を分断し、妥協の余地ない断絶をもた

原注1：電力生産量における原子力発電の割合、および人口に対する原子炉の数からみて（巻末補遺 図表3参照）。

訳注：フランスは全発電量の約七五％を原発でまかなっている世界一の原発大国であり、日本は約三〇％で第二位。原子炉の数（一〇四基）や原発による発電量（約二〇％）では、アメリカが世界一である。

らす争点となった。フランスのエネルギー大臣、エリック・ベッソンは常々、脱原発を主張する人々のことを「信心深い人たち」と評している。彼にとっても、彼と同じ確信的推進派の人々にとっても、フクシマは原子力事故ではなく、天災なのだ。たしかに、地震とそれに続く津波がなければ、発電所の原子炉が機能不全になることは決してなかったかもしれない。しかしながら、施設が完全に制御不能となり、目に見えない致命的な放射能汚染に対して人間が全く無力だった事実は、原発はコントロールが困難であるゆえに危険であると信じる脱原発派の人たちを勇気づけている。フランスの二〇一二年の大統領選挙は、この原発政策に関する論議を抜きにしては考えられない。脱原発はできるのか、できないのか？　それこそフクシマの大きな教訓である。実物大の惨事の例証とその教訓は、私たちに、スピードを落としてよく考えるように促している。

なぜなら、技術や健康や環境についての考察を超えて、今、問い直されなければならないのは、二十一世紀の産業社会を特徴づけるプロメテウス的(訳注1)な計画そのものであり、自然を征服しようとするその意志が、人間たちを原子力発電所の奴隷にしてしまうからである。問題は「エコロジー」の次元である。というのは、高レベル放射性廃棄物の一部をリサイクルして取り出され、ドラム缶や冷却プール――今のフクシマでは大きな穴があいてしまったが――の中に「密閉され」た、ウラン、プルトニウムという地球上で最も危険な物質が、スイッチや暖房機、冷蔵庫、超特急列車、工場に電気を供給し、動かしているからである。二十世紀後半、大量消費と大衆的陶酔はごく当たり前のことになった。原子力による電力の供給者は、電力という名の麻薬を——原発経由で——供給する役割をみごとに演じており、世界中の人々がその中毒になっているかのようだ。

日本の東北地方を襲った津波と福島原子力発電所の相次ぐ爆発は、複数の災害が錯綜する入れ子構造の様相を呈している。自然的要素と工業製品とが絡みあって、我が惑星を露天の実験室に変えてしまったのだ。もはや地球上のいかなる場所もこの実験から逃れることはできない。本州東北部を破壊した地震に、地質学的な震源地があるのであれば、福島原子力発電所は、人間中心時代を象徴する震源地といえよう。

工業化の時代が幕を開けて以来、ホモ・ファベル(訳注2)は、自分たちが地球の中心で、全能の権力であると自認してきた。この時代は今から二百年前、産業革命の揺籃期と共に始まった。今日

訳注1：ギリシア神話の英雄、プロメテウスが神から火を盗んだことから、神に頼らない人間性信頼の理想主義をさす。

訳注2：Homo Faber　工作する人＝人間。ホモ・サピエンス（叡智の人）に対して、物を作る道具を製作することに他の動物から区別される人間の本質が規定されるとする。

では、生物圏のすべての循環活動が人間の活動によって変化してしまった。炭素、水、リン（燐）……などのサイクルだ。これらの元素がこれほど急激に変化したことはいまだかつてない。石炭、石油、そしてウランから引き出されたエネルギーは、ホモ・ファベルが、自然を利用・破壊する能力を加速させた。一方、放射性廃棄物の管理についていえば、人間の産業活動全体を問題にせざるをえない。なぜなら、廃棄物管理が我々と未来との関係を変えてしまうからである。廃棄物を相手にするとき、我々はそこに、人間の脳で考える時間とも、歴史的な時間とも違う、放射能独自の時間の尺度を見て恐怖におののく。放射性廃棄物独特の時空間を前にして、人類は、めまいがするほど遠い未来を考えることを強いられている。

一九五七年九月二十九日、マヤーク（旧ソ連）、一九七九年三月二十八日、スリーマイル島（アメリカ）、一九八六年四月二十六日、チェルノブイリ（旧ソ連）。そして二〇一一年三月十一日、フクシマ（日本）。その場所が軍事基地であろうと商業用原発であろうと、原因が天災であろうと、人為的ミス、あるいは技術的ミスであろうと、これらの日付はすでに原子力事故の歴史となっている。しかし、世界の電力のたった一六％を供給するにすぎない民生原子力エネルギーを問い直すためには、惨事も事故も全く必要ない。いっとき足を止めて考えてみるだけで、このエネルギーは実に多くの疑問を提起するのだから。

そのいくつかをあげてみよう。例えば、原子力は果たして本当に必要かつ割にあうものなのか？　原子力は温暖化など気候変動に対抗する助けになりうるのか？　安全な原子力は存在するのか？　原子力は最大多数の人々に低価格のエネルギーを供給できるのか？　経済危機になった時、いったいどこの国が原子力発電所の建設に踏み切れるのか？　原子力産業は、原発を正しく運転させるために必要な能力を持つ人員を十分に確保できるのか？　原子力を安全なものにする方法はあるのか？　原子力は民主主義と共存できるのか？　民主主義は原子力への依存度の高い国々で成立しうるのか？　原子力は一国のエネルギーの自立に貢献するのか？　何世紀、いやそれどころか何千年もの間危険であり続ける放射性廃棄物をどのように管理するのか？　未来の世代にどのような遺産をのこすというのか？　等々である。

二〇〇二年、フランスの哲学者、ジャン＝ピエール・デュピュイは予言的な言葉を書いている。「技術の進歩は、抜け出すことがますます困難になるような好ましからざる狭い道に閉じこもる傾向が大変強い。警戒信号がともる時はもう遅すぎるのだ。不幸は我々の運命だというが、そうなるのは、人間が自分たちの行為の結果を認めないからにほかならない。そしてそれは、我々がみずから遠ざけることを選択することもできる運命なのだ」。

選択が迫られている、今日、そして今。

放射性廃棄物

原子力の悪夢

第一部　原子力産業、長期にわたる汚染

第二部　不満足な技術的解決法

補遺 207

宇宙物理学者、ユベール・リーヴズの序文

私が学生だった一九六〇年代のアメリカでは、民生用原子力エネルギーの開発については、誰もが、とても好意的であった。教授たちも学生たちも皆、楽観的で、プロジェクトの実現に参加することに興奮していた。ほとんど無限のエネルギーを人類に供給できるのだ。「これで世界の貧困はなくなる。一グラムのウランが一トンの石炭と同じエネルギーを放出するのだと考えればいいいのだから！」

もちろん、すでに放射性廃棄物は問題になっていた。しかし誰もが考えていた。「近い将来必ずよい解決法が見つかる。それまでの間、つまり、（放射性元素が）崩壊するまでの間、廃棄物は

＊訳注　ユベール・リーヴズ：一九三二年カナダ、モントリオール生まれの宇宙物理学者。現在フランス在住。一九六五年以来、国立科学研究所CNRS＝Centre national de la recherches scientifique の所長。テレビで科学を一般向けにわかりやすく語っている。「地球（ほし）の授業」二〇〇九年（飛鳥新社）、「世界でいちばん美しい物語」二〇〇六年（筑摩文庫）、ほかの邦訳書がある。

安全な場所にとりあえず保管しておけばいい」と。誰もそれを疑わなかった。

しかしながら、解決法はなかなかみつからなかった。貯蔵のために予定された場所は次々に断念せざるをえなかった。最近の例では、理想的な場所と思われていたアメリカのユッカ・マウンテンの選択が、オバマ大統領によって放棄された。

本書の著者、ロール・ヌアラはこの本の中で、放射能汚染と放射性廃棄物に関する長期にわたる調査の結果を我々に見せる。一九六〇年代の熱狂から半世紀たった今、彼女は数々の民生用、あるいは軍事用の原子力施設の汚染と荒廃の状態を、それが可能な限り観察することができた。そして、旧ソビエトでは、高レベルの放射能の環境で暮らすことを余儀なくされた人々の健康の悪化を確認した。

原子力エネルギーの問題をより広い文脈に置き換えるには、世界のエネルギー消費量とその未来についての問題にふれなければならない。世界のエネルギー消費量は今日、常時稼働状態の原子炉一万三〇〇〇基が供給する量に等しい（話をわかりやすくするために、ここでは、従来型の原子炉一基が産み出す出力、一ギガワットを単位とする）。この消費量は絶えず増加し、百年毎に約十倍になる。安定化する傾向にある人口に対して、エネルギー消費量の増加はとまる気配を全く見せない。問題はまさにそこである。このリズムでいけば、それは、四百年の間に、地球に到達する太陽エネルギーの総量に匹敵することになるであろう。十五世紀の間には、太陽が発するエネルギーの総量に、その十一世紀後には銀河系が発するエネルギーの総量になるだろう！

こうした数値を見れば、我々に下される基本命令は明らかである。我々は絶対に、そして迅速に、エネルギー消費量にブレーキをかけなければならない。消費を減らし、もっと少ないエネルギーでよりよく切り抜けていく必要がある。

エネルギー消費量増大の主な要因は、新興国の工業化と結びついている。中国、インド、ブラジル、その他の国々では生活レベルが急激に上昇し、それはこれから何年もの間続くに違いない。輸送手段を例にとってみよう。わが国（フランス）では、大人ひとりあたり一台の車を所有している。もしも、中国人、インド人がひとり一台ずつ車を所有することになれば、車の数は今の五倍になる（六億台から三〇億台に）。そして、石油は数年のうちに涸渇するだろう。

合理的な推定をすると次のようになる。地球上に住む人間の大半が、今から数十年の間に、G8の国々の生活レベルに達することができるとする（一人あたり約一〇キロワットを必要とする）。ほとんどどこでも出生率が低下している事実を考慮し、人口統計学者たちは、地球の人口は一〇〇億人を超えないだろうと予測する。そこで、エネルギー消費総量は原発一〇万基に匹敵するだろう。これは、今日の消費電力と比較すると十倍の増加に当たる。一世紀の間にここに至るだろう。

同じ過ちをくりかえさないためには、過去の経験を生かすことが大切だ。十九世紀末ごろ、産業活動（輸送、暖房、工業）の発展のために、石油という、重要な切り札が発見された。そして、まるで地球がそれを無限に持っているかのように、この天然資源に主要部分を依存する経済が打ち立てられた。石油は大量に採掘され、大量に使用された結果、今日、我々は、数十年先には石油が涸渇するだろうという深刻な状況に直面している。生物圏が数億年かけて作りあげた資源を、我々は二世紀足らずの間に使い果たしてしまうだろう。この管理のまずさから引き出すべき教訓は明らかである。すべてのエネルギー政策は時間という尺度に基づかなければならないということである。ヒト科は数百万年前から存在し、我々の種である「ホモサピエンス」は二十万年前から存在している。今から千年前は中世の時代であり、四千年前はエジプト王国だったことを思い出そう。時間が過ぎるのははやい……。

何千年という尺度で未来を計画しなければならないのである。最近の情報によれば、ウラン鉱山の埋蔵量は一七〇〇万トンと推定されている（ミシェル・ジョルダ、CEA〈フランス原子力・代替エネルギー庁〉）。今日地球上で稼働している緩性中性子（réacteur à neutrons lents）原子炉は、使用されるウラン（同位元素、U―235）の約一％しか活用していない。このエネルギー資源の埋蔵量は、原子炉三〇万基が一年間に放出するエネルギーに相当する。世界の消費の現在のリズム（原子炉一万三〇〇〇基）では、この資源の持続時間はたった二十年である……。今世紀末に原子炉一〇万基という予想される割合で考えればたった三年である！　それならウラン235より石油のほうがエネルギーとしてもっと長く使える……。

核エネルギーのもう一つのシステムでは、二番目の安定的な同位元素で、ウラン235より百倍も豊富な、ウラン238を使用する。これは、増殖炉で高速中性子（neutrons rapides）を作る必要がある。技術的にはなんら難しくなく、完全に実現可能なはずである。しかし、今日まで商業的に成功したモデルは一つも存在しない（クレイマルビルの増殖炉の開発は一九八四年に中断された）。プロトタイプはフランス、日本、インド、中国などいくつかの国で研究されている。数十年のうちには、工業化の実現が可能だと言われているが、私が入手した推定では、三十年から百年かかるという。

重要なことは、これについて、推進者たちが、一時間あたりのキロワットの価格も、安全装置も計算に入れていないことだ。とはいえ、とても高くつくだろうということについては誰もが同意している。

そこに、トリチウム232という放射性元素（これに関するシステムは、容易に兵器に転用できるため、今日までほとんど開発されてこなかった）を加えて、この高速中性子原子力システムが実際に我々のエネルギーとして使用されることは三〇〇〇年までないだろう。

では、結論は？　人類のために我々が採用した時間の尺度では、原子力システムは、化石エネルギー（石炭、石油、天然ガス）のシステムより決して優れているわけではない。海からウランを抽出するという気宇壮大なプロジェクトに頼れば別だが。その場合、増殖炉の要求をまかなうためには、ローヌ川の水量の数千倍に相当する水を常時汲み上げ、濾過しなければならないのである。また、海水の化学変化がもたらす環境被害はどうするのか？　ここでは次のようにだけ言っておこう。海にはウランよりもずっと多くの金が含まれていること、にもかかわらず、海から金一グラムを抽出するのにかかる途方もない費用のために、この金のかかるシステムは開発されなかった、と。

次に、水素の核融合制御（fusion contrôlée）をみてみよう。これは、数十億年来、太陽と星々のエネルギー源である。これは、水素爆弾の中で爆発する形で生成する。このシステムは理論上はなんの難しさもない。

しかし、問題は、採算がとれるかどうか、つまり、注入する以上のエネルギーをこれによって入手できるかどうかということである。現在のプロジェクト（ITER＝International Thermonuclear Experimental Reactor　国際熱核融合実験炉、など）は、この問題を探求することを目的にしている。技術的な難度は途方もない。この経験を、世界の需要に応えるのに必要な規模で実用化できる可能性については、意見が分かれる。実際、誰もその答えを知らない。知るためには試してみなければならない。しかし、今のところ、これについて、我々は推量することしかできない。

要約してみよう。エネルギー・システムの選択について、我々はそれぞれの特徴を明らかにしてきた。実用化できるか？　長続きするか？

核融合制御のように未だ不確実なシステムの上にエネルギー政策を打ち立てることはできないのはあまりにも明白だ。そして、人類に特有の時間の尺度を考慮すれば、ウランを使用するシステムは満足するには短すぎる。そこで、私は、ソーラー・システムこそ我々にふさわしい唯一のものであり、そして、そこにこそ努力が集中されるべきだと思う。

数年前、原子力エネルギーの開発のために費やされた金額は、再生可能エネルギーのために費やされた金額よりも数百倍も多かった。状況は変わる。サルコジ大統領は最近、この金額を平等にする可能性について言及した。これが進むべき道のように私には思える。

まえがき

二〇〇八年九月のある朝。ラジオを聞きながら家で仕事をしていた私の耳に、突然、アレバの社長、アンヌ・ロベルジョンの声がとびこんできた。彼女は、原子力エネルギーの恩恵について書いた本(原注1)を出版したばかりで、その著書のプロモーションのためにメディアめぐりをしているところだった。私はやりかけていたことをストップして耳をそばだてた。私は、ちょうど八カ月にわたって放射性廃棄物(原注*2)についての調査で、世界中の原子力のゴミ捨て場を回ってきたばかりだった、彼女の説明は、私が見てきたこととは一致しなかった。

この長い調査で、私は、映像ディレクターのエリック・ゲレと共に、世界の原子力の二つの生誕地、アメリカとロシアをめぐることになった。私たちはさらに、イギリス、ドイツ、そして、原子力発電の割合が世界一大きなフランスを回った。私たちは各地で、議員、専門家、様々に意見の異なる科学者たち、推進派、反対派、専門家、市民、事業主たちに会った。また、各地で、我々が踏んだ土、摂取した食物、飲んだ水の正確な汚染(*)を知るために、独自にサンプルを採取した。

原子の火から産出された廃棄物は、匂いをかぐこともできないし、大気中に累積することもない。この廃棄物には、危険であること、それもきわめて危険であるという特性がある。たとえ（専門）企業に委ねられたにしてもである。（専門）企業は、廃棄物を隔離し、包装し、時には加工する。廃棄物には揮発性がなく、ガスのように空気中に散ることもなく、貯蔵所(＊)に詰め込まれ、プールの中で冷やされ、ガラスの中に密閉され、もっとよい解決法がみつかるのを待ちながら、そこに放置されるのである。それは、そこにありながら、誰の目にふれることも、触(さわ)ることもできない。その処理は、原子炉のシステム系ごとに、その開発企業、研究者、専門家の手に委ねられる。我々は彼らを信用しなければならないことになっている。

しかし、私たちは理解したかった。原子物理学のボキャブラリーは普通の人間には難しすぎ、その概念を一般にはわからせることはできないと言われている。おそらくその通りだろう。しかし、このテクノロジーが、事故や、その使用や、核の拡散、廃棄物の問題にいたる、重大なリスクを持っていることを知るためには、私たちが原子力のカッサンドラ(訳注)を演じる必要はない。しかし、今日メディアで、もっと重大かつ緊急だとさかんに喧伝されているリスク、つまり、気

原注１：“La troisième révolution énergétique”『第三のエネルギー革命』。
原注＊２：放射性廃棄物（déchets radioadtifs）
＊：星印のついた言葉は、巻末の用語リストで説明している。

候の温暖化と短期的なその効果のせいで、原子力に特有のリスクは影が薄くなっているようにみえる。

こうして、原子力は今、順風満帆である。二〇〇〇年始め以来、原子力はメディアで人気である。気候の温暖化、石油危機、エネルギー消費の増大、その他、様々な理由をあげて、メディアは繰り返し原子力を採り上げる。そして、未だに人々がその恐怖を忘れられないでいる原子力産業の利点をほめたたえる。世界の雑誌や新聞で、第一面に原子力というタイトルや、民生用原子力の再開に関する資料や、新しい原子力発電所建設を擁護するインタビューにページをさかなかったものはない。原子力は地球を興奮させ、あるいは、少なくとも、地球の一部がその代価を支払うことができ、もう一方がその恩恵にあずかることを夢見る。まるで、ウィンズケールや、スリーマイル島や、この四月に爆発の二十三周年を迎えるチェルノブイリの亡霊を忘れたかのように、欧州委員会(訳注)は原子力エネルギーに「クリーン」、「安全」、「再生可能」の資格を与える。これは、通常のグリーン・エネルギーと同じ資格である。たとえば、科学者たちが、地球温暖化対策を緊急課題だと強調するのはもっともなことだが、その対応策として工業先進国が持っている答えはたった一つしかないようだ。

「原子力発電所を建設しましょう。できるだけたくさん……」というのが、核燃料サイクルの世界大手、アレバ社長、アンヌ・ロベルジョンのお決まりのセリフである。しかし慎重な彼女は、的を得た一言を絶えず繰り返す。「原子力が唯一の解決策というわけではありません。しかし原子力なしの解決はないのです」。たしかに、原子力は今世紀の世界のエネルギー需要の全てをまかなっているわけではない。彼女は断言する。原子力は解決の一部であると。しかし、我々はその代償を知っているだろうか？　この解決策が、進歩の名の下に、いかなる新たな問題をもたらすのか？　すでにいかなる窮地に私たちを追い込んでいるのか？

まるで問題などどこにもないかのごとく、アンヌ・ロベルジョンはラジオでキャンペーンを続ける。原子力エネルギーはリサイクルできると彼女は言う。彼女はずっと前からそう繰り返し言ってきた。果たして彼女の言うとおりだろうか？　そこで私たちは、フランスの原子炉(*)から出る物質のゆくえを追うことにした。私たちはフランス産業の花形、ラ・アーグの工場から、かの有名なリサイクル可能な素材である再処理ウラン(*)の波瀾万丈のゆくえを、コンテナの後を追って、たどることにした。

そして、私たちは、フランスが自国の放射性物質の一部を送り、廃棄する場所、シベリアのど真ん中、トムスクに行き着いた。原子力の技術用語が誰にでもわかるものでなくても、算数

訳注：カッサンドラ　ギリシア神話に登場するトロイアの王女。悲劇の予言者として知られる。アポロンから「カッサンドラの予言を誰も信じないように」という呪いをかけられ、彼女の予言と抗議にもかかわらず、トロイは破滅した。

訳注：欧州委員会（la commission européenne）は、欧州連合（EU= Union Européenne）の政策執行機関。各加盟国から一名ずつ、計二七名の委員による合議制で運営される。本部はブリュッセル。

なら誰でもわかる。そして、私たちの調査結果は業界の発表するものと同じではなかった。

不正確なもの、不完全なものはすべて、はっきりさせる必要がある。なぜなら私たちにとって放射性廃棄物とは、恐れやためらいから、未来を見ようとしないのと同じだからだ。つまり、未解決の問題を未来に先送りすることなのである。

私たちは未来の世代に何を残すのだろう？　私たちは、この産物とその毒性の長い寿命について考えなければならない。ここでいう未来の世代とは、私たちの子供や孫といった、近い子孫だけではなく、六〇〇〇代目の子孫まで含まれるからである。彼らが私たちから遺産として受け継ぐものは、わずか数十年の間、私たちの家を明るくするために使ったものが残す有毒な残留物以外、何もないかもしれない。果たしてこの原子の火にそれだけの価値があるのだろうか？

チェルノブイリとエモーショナルな原子力

私が放射能を浴びるのは、今回のアルテ（Arte）のための調査が初めてではない。放射能についていえば、私はすでに、何度もウクライナのチェルノブイリを歩き回り、放射能の雲によって北東部の四分の一が汚染されているベラルーシにも行って浴びている。チェルノブイリは、二〇〇三年、毒矢のように私の中に入り込んだ。私は、雑誌『リベラシオン』の取材で、汚染地域の調査に参加していた。私はそこで、この目に見えない敵、汚染という複雑な対象に出会ったのである。人体が光子（フォトン）を浴びる照射(*)と違って、汚染は、汚染された食物の摂取や、放射能を帯びた埃やガスの吸引によって起きる。放射性元素は人体組織に侵入し、柔らかい臓器（心臓、胃、……）あるいは骨に定着する。

チェルノブイリで、私は、見捨てられ、大急ぎで埋められた村の真ん中に立って、ぞっとしたこと、そして、住民たちに対して、自分が完全に無力であると感じたことを思い出す。ジャーナリストとしての私は証言しようとしたが、人間としての私は、肉体の最も奥深くで感じようとした。両者の間に、悪夢、怒り、動揺があった。二〇〇三年にベラルーシから戻ると、地元住民と毎日食事をしていたせいで、私は多量のセシウム137を摂取していたので、以後三年間は妊娠しないようにと言われた。放射能(*)は匂いもなく、味もなく、見えないという。しかしこの評決で敵の姿は突然はっきり見えてきた。

その後、ベラルーシ、ロシア、ウクライナをめぐる三回の旅の後で、二〇〇五年八月、私は再び石棺の前に立った。旧カーン大学危機社会学研究所所長、フレデリック・ルマルシャンはサマー・スクールを組織し、アンリ＝ピエール・ジュディ、ジャン＝ピエール・デュピュイなど哲学者たち、アラン＝ジル・バスティドやクリストフ・ビッソンなどアーティストたち、そしてジャーナリストのガリナ・アケルマンが参加した。この大惨事について考えるという研究日程のハイライトは石棺の訪問だった。

日曜日の朝、私たちは揃ってキエフからバスに乗った。よい天気で、私たちはドキドキしながら現地に向かって出発した。

数百という亀裂があるという巨大な鉄の怪物の前で、ガイガー・カウンターがピリピリ鳴った。カタストロフの震源に捕まった私には、同僚たちの皮肉や、驚愕や、虚勢のユーモアがまじったコメントはほとんど耳に入らなかった。石棺の裂け目を通して息をしながら、私の心は、原子炉建屋の中、がれきの真ん中、放射性物質の象皮病の中をさまよっていた。死のマグマにも似た爆発に続く日々、溶融した燃料構造は原子炉の壁の外側の部屋や廊下まで流れ出して、象の足のように凝固した。

精神的には石棺の中をさまよいながら、私は自分の放射線量(*)を受け取った。それから、急に、自分がこれ以上何も感じられないことがわかった。なぜだか説明はできないが、この二〇〇五年八月二十八日、放射線をしみ出させているこの鉄の箱を前にした私に、はっきりと、進むべき方向を示す矢印が見えた。私は、自分がエモーショナルな原子力と呼ぶものを、そこに置き去った。

アルテのための放射性廃棄物に関するこの調査は、エモーショナルな立場とは全く無縁なものだ。私たちの活動に意味を与えるために、そしてまた、報告するべき汚染について独自のサンプリング、計測をするために、私たちはクリラッド（CRIIRAD）(原注1)研究所の協力を得ることにした。

CRIIRAD＝La Commission de recherche et d'information indépendantes sur la radioactivité（放射線独立情報・調査委員会）が生まれたのは、チェルノブイリ事故の直後である。一九八六年当時、環境における放射能を測定する独立したネットワークは存在しなかった。事故後、当局はただちに、高気圧のため、フランス上空には放射能を帯びた雲は通過しないという情報を流して国民を安心させようとした。この当局の放射能に関する嘘を暴いたのはCRIIRADのチームであった。(原注2)

私たちはまた、科学者たち、そして独自の分析によって原子力産業を容赦なく厳しく吟味する専門家たちと出会った。欧州議会の緑の党グループのための独立コンサルタント、マイケル・シュナイダー、グローバル・チャンス協会の創設者たち、ドミニック・ヴォワネの事務所の元所長、ベルナール・ラポンシュ、CNRSの元研究所長、バンジャマン・ドゥシュを始めとする人々、そして積み重ねられたたくさんのレポートが自ら事実を語っている。彼らの視点は最終決定である。

この調査は、反原子力の長い戦いの歴史で知られるNGO、グリーンピースのメンバーたちの経験と知識、闘争心、記録資料がなければ、日の目を見ることはなかっただろう。この組織

原注1：主な略号は巻末の補遺用語集で説明している。
原注2：www.criirad.org.

は数十年前から原子力産業のやり方に光をあててきた。おかげで私たちは自分たちがどんなものを押しつけられているのかを知ることができた。

第一部　原子力産業、長期にわたる汚染

ハンフォード、原子力誕生の地

すべてはここから始まった。ワシントン州の、オレゴン州との州境の町。もちろんアメリカ合衆国である。レンタカーに乗ってヴェニータ橋を渡ったとたん、私たちは突然、自分たちのいる場所を意識した。原子力の誕生の地、ハンフォードだ。車内を沈黙が支配する。

最新型のダッジに乗っているのは、映画監督のエリック・ゲレ、ＣＲＩＩＲＡＤ独立分析研究所所長、ブリュノ・シャレロン、そして私の三人である。私たちがここにきたのは、世界最大の原子力基地の放射能遺産を測定するためである。ブリュノは持参の器具を使ってコロンビア川の岸辺の状態を調べ、堆積物を分析し、水の汚染状態をチェックし、たぶん、ヤキマ・インディアンの居留地で釣りをすることになるかもしれない。ひどい天気で、激しい突風が砂塵を吹き上げる。昔の西部劇映画で見るようなタンブルウィード（回転草）が、私たちの存在には目もくれずに道を横切っていく。二〇km走ったが、それ以上は無理だった。私たちは川がよく見える所で車を止めた。まだずっと先だけれど、遠くから、最も古いハンフォードの施設、最初の原子爆弾のプルトニウムを生産したB原子炉がとてもよく見える。ブリュノと私は写真を、エリックはビデオを撮る。過去に一歩を踏み出したような不思議な感じがする。それは、私たちを六十年以上も前に遡らせる、禁じられた一歩である。(*)

ハンフォードは一九四五年八月、最初の原子炉であるB原子炉と共に歴史に登場する。その鉄の胎内から生まれたプルトニウムを使った原子爆弾「ファットマン」は一九四五年八月九日、長崎の上空で炸裂し、八万人の死者を出した。その三日前、ニューメキシコ州、ロス・アラモスの研究所で作られた「リトル・ボーイ」が広島上空で炸裂していた。原子力は第二次世界大戦を一変させ、究極の武器として列強がその配備を試みる。ハンフォードはすべての軍事原子力基地の原型であり、象徴的存在である。

大平原、砂漠、山と海、ここの施設は、アメリカ西部のすべての景色を集めたようなワシントン州に位置している。ここにはまた最も放射能の濃度が高い地域が集中している。私たちは、基地から数キロメートル離れたヴェニータ橋の上から、三月の凍るような沈黙の中にそびえ立つ基地の建物を眺める。遠く、ほこりっぽい平原を背景に工業施設が浮かび上がり、工場群はコロンビア川の急流を飲み放題のように見える。一見、どこにでもある工場の風景に見えるが、これこそ、第二次大戦のさなかに、プルトニウムを製造するために建設された九基の原子炉である。ここで、この砂漠の真ん中で、極秘裏に、全速力で、核の冒険が始まった。私たちは、この気違いじみた競争の遺産を採集するためにここにきたのだ。あるいは、それを釣り上げるために。

アメリカ・エネルギー省（DOE）は、私たちが基地に入ることを拒否した。もう一つの軍事基地、サヴァンナ・リバー、そして、アメリカの放射性廃棄物の貯蔵場所の候補地であるユッカ・マウンテンと同様である。「経済的なリストラのために、我々はあなた方を受け入れることができません」というのが私たちへの返事だった。

アメリカでは私たちのドキュメンタリーが「支持されない」ことは私たちも知っている。何十件ものインタビュー申し込み、申請書や証明書類、ひっきりなしの電話で、私たちは窓口となったワシントンの広報担当者をいらいらさせた。電話で、インターネットで、ファックスで、私たちは許可申請と署名で彼らを責め立てた。放射性廃棄物に関する調査をする「フレンチ・クルー」と言っただけで彼らは飛び上がった。もしも、私たちのこうした要求がそれから一年後のオバマ政権下で申請されていたら、彼らの対応は違ったかもしれない。その証拠に、二〇〇九年には、過去に同基地で働いていた人たちによって、四七回のハンフォード訪問が実行されている。しかし私たちが調査をしたのはブッシュ政権下で、エネルギー省は私たちに門戸を開かなかった。とはいえ、逆にこの困難のために、私たちは別のたくさんのものを発見することになった。

一番近くの町、リッチランドに引き返すため、私たちは軍事基地に沿って進んだ。「アンクル・サムの国[訳注]」では、空間が原子力基地を囲む最高の垣根である。何キロも、何キロも、不毛の地が延々と続き、低い柵で守られている。五〇〇メートル毎に、DOEの黄色い看板が警告する。それによれば、非アメリカ人ならば、アメリカ人である我々は、この一線を越えて中に入れば、国外追放である。これがアメリカ人ならば、罰金か、刑務所で一日過ごすことになる危険である。一九八七年、一〇人の環境保護活動家たちがこの基地に侵入したために、団体として一万七〇〇〇ドル以上の罰金を科せられた。私たちは、埃と、乾いた草原とアスファルト以外のものが見えてくるまでに四〇キロメートルほど走った。

すべての原子力基地は水を必要とする。建物の訪問ができなかったので、私たちは川岸を嗅ぎ回ることにした。ハンフォードでは、長さ二〇〇〇㎞におよぶコロンビア川が原子炉の水として使われている。この川はブリティッシュコロンビア州のロッキー山脈を源とし、その一部はワシントン州とオレゴン州の州境となっている。ポートランドの町を過ぎ、台地を貫いて流れた後、アストリアで太平洋に注ぐこの川は、流域、約六七万㎢を潤し、排水する。フランスよりも広い土地だが、住人はほんのわずかである。原子力工場の設計者たちにとって、これが利点であったことは理解できる。彼らは孤立した地域を選んで施設を建てたのである。

訳注：アンクル・サム（Uncle Sam）アメリカ合衆国（United States）を擬人化した架空の人物。頭文字が同じU・S。イギリスのジョンブル、フランスのマリアンヌに相当する。

ハンフォード、原爆の製造競走

一九四〇年代初め、第二次世界大戦たけなわの頃、米国は原子爆弾を獲得しようとやっきになっていた。ヒトラーのドイツに先をこされるのを恐れていたからだ。この挑戦は、文字通り、工業、技術の偉業となったが、それは秘密だった。この、途方もない財源と当時の最高の頭脳を組み合わせた努力のたまものには「マンハッタン計画」というコードネームがつけられた。エネルギー省によれば、この挑戦に参加したマンハッタン計画の労働者たちのおかげで、米国は「国家安全に対する深刻な脅威」に立ち向かうことができた。

その少し前、一九三九年、ノーベル物理学賞受賞者のニールス・ボーアはこう予言した。「原子爆弾の製造は不可能だ。アメリカ全体を巨大な工場に変えない限り」。にもかかわらず、それから三年足らずで、軍産の力を結集して、巨大な総合施設が建設された。ウランを濃縮する工場、プルトニウムを製造する原子炉、そして、放射性核燃料を抽出するための二基の再処理工場である。参加した二〇〇人以上の物理学者のうち二〇人は既にノーベル賞受賞者か、あるいは後に受賞する学者だった。そして何千人もの技術者たちが無我夢中で死の機械を作るために働いた。

一九四二年のクリスマスの少し前に、イタリア人物理学者で、当時、ユダヤ人の妻と共に米国に亡命していたエンリコ・フェルミと、ハンガリー人の同僚科学者、レオ・シラードが、アメリカに最初の連鎖反応をもたらした。意図的に二〇〇ワットに制限された原子炉が、シカゴ大学のスタジアムの階段席の下にあるスカッシュ・コートに設置された。

砂漠に近く、川が流れている、理想的な場所であるハンフォードは、テネシー州のオーク・リッジ、ニューメキシコ州のロス・アラモスと共に、プルトニウムの生産基地に選ばれた。一九四三年、政府は軍事機密として「マンハッタン計画」をスタートさせた。

隣り合う三つの町、リッチランド、ケネウィック、パスコが建設され、その近くに住む約一三〇〇人が立ち退きを命令された。この基地は、一八五五年に遡る古い条約の一環として、アメリカン・インディアンが合衆国に譲渡した二六〇万ヘクタールの土地に建てられた。その条文によれば、インディアン部族は、以後アメリカの土地になるこの地で、漁業、狩猟、薬草の採集については譲渡できない権利を保持する、としている。もちろん、国防省の所有地である軍事基地をのぞいて、である。

全国から五万人以上の労働者が好条件で集められ、工場群の建設に参加した。ケネウィック、パスコ、リッチランドからなる市街地、トライ・シティーズ(訳注)の砂漠に集結するために、彼らには汽車の片道切符だけが支給された。高給の約束と、息を呑むような景色が、何千人もの人々

訳注：トライ・シティーズ（Tri-Cities）は、アメリカ、ワシントン州南東部、ヤキマ、スネーク、コロンビアの三つの川の合流点にある乾燥地帯にあり、ケネウィック、パスコ、リッチランドの三町からなる。

を惹きつけた。何百軒ものバラックが埃の中に出現した。十八カ月で、三基の原子炉が完成、かの有名なB原子炉も含まれていた。

この現場では、秘密厳守が絶対の原則であった。それがこの計画の要であった。そしてそれは徹底されていて、ハンフォードの労働者たちのほとんどは、自分たちが何を作っているのかも知らなかった。しかしながら、二十四時間体制で原子炉から作りだされたプルトニウムこそ、歴史上最初の原子爆弾に使われたのである。一九四五年七月、ドイツ降伏の数カ月後、アメリカのエンジニアたちは、ニューメキシコの砂漠で、「トリニティ」と命名された実験の際に、プルトニウム爆弾、「ガジェット〈Gadget〉」を炸裂させた。この決定的な実験によってアメリカの原子力工場は準備が整った。そして、ここ、ハンフォードに司令部が設置された。そのひと月後、アメリカは、「リトル・ボーイ」と「ファットマン」を日本上空に投下した。前者はウラニウム、後者はプルトニウム、一方がもう一方より強力だったが、軍事目的のため、ルーズベルトと専門家たちは、両方をテストすることにこだわった。一方、何も知らされない工場労働者たちは、一九四五年八月十四日付けのリッチランドの地元新聞朝刊で「我々の爆弾がついに平和をもたらした！」という大見出しを見るまで、そんなことは予想すらしていなかったのである。この時以来、原爆キノコ雲は地元の誇りとなった。自分たちの爆弾が日本を降伏させ、平和に貢献したのは確かだと、トライ・シティーズの住民たちは原子に崇敬の念を抱いている。

ここでは、九基のプルトニウム原子炉がノンストップで四十年間稼働してきた。アメリカの武器庫が必要とするプルトニウムを生産するというその役割は、一九八七年に完了した。六つのゾーンに分けられた一五〇〇㎢の土地に散在する九基の原子炉にはそれぞれ、ロボットの名前がつけられている。(原注1) 二〇〇八年八月、B原子炉は歴史的建造物に指定された。

リッチランド、キノコ雲の町

オリーブ色のダッジの車内に戻った私たちは、施設の広大さと、人類史上で果たしたその役割に圧倒されて、黙りこくった。そしてそのまま二時間ほど車を走らせた。空は暗くなり、風が吹き荒れ、そろそろ、リッチランドの我が陣地に行く時間だった。リッチランドは、この基地と共に生まれ、育ち、年をとった町である。コロンビア川とヤキマ川の合流地点に位置する人口約四万五〇〇〇人の静かな市街である。町に入ったとたん、私たちはいかにもイメージを喚起させる通りの名前にびっくり仰天した。ニュークリア・レーン、リトル・ボーイ・アベニュー、プロトン・レーン、アインシュタイン・アベニュー……原子力の祖国へようこそ！

原注1：BCゾーンには、原子炉１１８—Ｂ—８、１１８—Ｃ—３。１００Ｋゾーンには、１０５—ＫＷおよび１０５—ＫＥ　１００Ｎゾーンには１００—Ｎ６６、１００Ｄゾーンでは１０５—Ｄおよび１０５—ＤＲ、１００Ｈゾーンでは１０５—Ｈ、１００Ｆゾーンでは１０５—Ｆである。

最初の晩、私たちは地元のビヤ・レストラン、アトミック・ブルワリー・パブで夕食をとった。ここでは、「ポジトロン（＝陽電子）ピザ」、「B原子炉ブラウニー（チョコレート入りケーキ）」が食される。ビールには原子物理学の産物にふさわしい名前がつけられている。半減へフェワイゼン、アトミック・アンバー、プルトニウム・ポーターである。トイレでは首に入れ墨をした少年に会った。三つの楕円で囲まれたウラン原子の絵だった。まさか……ひょっとすると、私たちはプルトニウム・ポーターを飲み過ぎたのだろうか？　いや、そうではない。若者は地元の入れ墨師の住所を教えてくれて、ほとんどの友達がこれと同じデザインのシンボルをほしがっていると自慢し、「ここの人間のアイデンティティみたいなものだからね」と言った。

住民たちのこの誇りは第二次大戦以来ずっと続いている。一九五〇年代、短期間のうちに、リッチランドの人口は二四〇人から一万一〇〇〇人に、ついで、二万五〇〇〇人に増加した。そのほとんどが、パリの十五倍の広さの砂漠でマンハッタン計画のために雇われた。この町の歴史が爆弾に密接に結びついているばかりでなく、その経済的豊かさも基本的に原子力に依存している。ベントン郡では労働人口の半分を原子力産業が雇用している。ハンフォードの「ニユークリア・リザーブ（原子力倉庫）」は、何千人もの人間に、何年間もの仕事を供給している。廃棄物の移転、ガラス固化(*)工場の建設、汚染の監視、などなどである。一家で少なくとも一人がここで現在働いているか、あるいは、以前ここで働いていた。

入れ墨師がせっせと少年たちの肌に原子の絵を描いているこの町では、キノコ雲もあちこちで繁殖しているようだ。地元のタクシー、ラド・キャブ（Rad Cab）の名刺にも、商店街のショーウィンドーにも、掲示板や標識にもキノコ雲がある。この絵柄が最初に登場したのは、一九六〇年代初めのある高校の学年末のお祭りの時だった。そして間もなく、高校のフットボールチームの紋章になり、彼らはそれをヘルメットやジャージーに金や緑で見せびらかすようになった。一九六八年からは、チームの名前も「ビーバーズ」から「ボンバーズ（The Bombers 爆撃機）」になった。キノコ雲（mushroom clouds）は、フットボールのグラウンドの看板や、高校の入口の看板にも、教室のベルにも、学校職員全員の名刺にも描かれている。訪問者がこの高校の入口ホールに入ると、タイル張りの床に刻まれた長さ四メートルの水素爆弾を踏むことになる。

一九八〇年代、キノコ雲は一時、外交問題になりかけた。この町に立ち寄った日本人たちが、若者たちが死の象徴であるキノコ雲をこれみよがしに身につけているのを見てショックを受けたからだ。広島の爆弾で一四万人が、長崎の爆弾で八万人が死んだのである。日本人が受けた傷は決して完全に塞がれることはなかった。当時のフットボールチームのコーチだったウッドワード氏は、若い旅行者たちにこの紋章がどういう意味であるか説明しなければならなかった。「あのときは自分が素っ裸にされたように感じた」と十五年後、彼は言う。もう一人の教師、ジ

訳注：Radiation ＝放射能。

ム・デスレージは生徒たちを強力に弁護してこう言う。「少年たちはみんないい子で、この紋章にとても愛着を持っている。彼らはこの絵が世界のここ以外の人たちにとってどんな意味を持つのかわかっていないだけだ」。生徒たちはといえば、これを、すごく「かっこいい（クール）」と思っている。

このロゴを変えさせようと試みた住民たちもいた。一九九八年には、高校生たちは紋章を変えようと提案して住民投票まで組織した。彼らの行動は、強い抗議の声を喚起し、町の多くの有力者たちを怒らせた。学生たちのイニシャティブを支持した教師たちは訴えられた。その晩、キノコ雲派の特別攻撃隊（コマンド）が教室を落書きで埋めた。野球コーチはキノコ雲が残るなら辞職すると脅かした。フットボールのコーチも同様で、「ボンバーズ」のTシャツを取り替えるための費用を自費で支払うところまでいったのだが、ヘルメットを新調する金までは出せなかった。住民投票の結果は、はっきりしていた。生徒の九五％という圧倒的多数が放射能のキノコ雲を支持したのである。

こういう状況の中で、私たちは、警報を発している人、つまり、私たちに語り、証言してくれる人を捜した。以前ここで働いていた人や、一般市民、科学者、サラリーマンで警報を発する人、つまり内部告発者（whistleblower）は町の見張り番である。その役目は、人間や環境にとって危険をもたらす事故や事態に直面したとき、状況を確認し、それを公表することを決定し、そして警報を発することだ。

現状の確認

「国防における問題とは、我々が国外の脅威から守ろうとしているものを、国内から破壊することなしに、どこまでやっていけるかである[原注1]」

国防に関する演説の時に発せられたこのアイゼンハワーの言葉は警告に聞こえる。

ハンフォードに向けて出発する数週間前、私たちはこの問題に精通した一人の専門家に会っておく必要があった。私たちは土砂降りの雨の中、ワシントンの郊外にあるロバート・アルバレスの心地よい家を見つけた。クリントン政権のエネルギー顧問だった彼は、その後、いくつかのNGOのために働いている。彼は私たちを家の地下室に招き入れた。そこはオフィスとして使われていたが、至る所、書類の山で、その混乱の中には彼だけが知る秩序があるらしかった。無愛想で、勉強好きの熊のような雰囲気のアルバレスは、おそらく、ハンフォードについての最良の専門家である。原子力基地の除染がどのくらいの時間で達成できるとあなたは思いますか、と私たちが質問すると、彼は一気にこう言った。「ハンフォードは、『国の犠牲になった地

原注1：《The problem in defense is how far you can go without destroying from within what you are trying to defend from without.》

域』と言っていいでしょう。この基地を修復し、汚染を確実に人間に害のないレベルに戻すための技術は我々にはありません。その技術を我々は今も持っていないし、これから何百年の間、持つことはないでしょう」。私たちが出会った多くの専門家たちの意見では、ハンフォードは西側諸国で最も汚染された土地である。さらにひどいのはロシアだけである。

コロンビア川に沿った一五〇〇㎢の土地に広がるこの原子力施設には、九基の原子炉と様々な処理工場がある。四十年にわたって国防の要の一つであったハンフォードは、その後、世界最大の除染プロジェクトに組み込まれた。これは、文化的、技術的、経済的、政治的、法律的、そしてまた健康とエコロジーに関する、様々な挑戦となるはずである。

ハンフォードにはきわめつきの放射性廃棄物がある。そしてその量は天文学的である。核燃料の製造、その濃縮、その再処理、核兵器への組立(*)、などから出た廃棄物はすべてここに貯蔵されている。問題は、その保管物が密閉されておらず、廃棄物が環境に散在していることである。ハンフォードは、その建設以来、絶え間なく、六七トン以上のプルトニウムを、つまり、アメリカ原子力兵器工場の約三分の二を吐き出してきた。合計でアメリカの高レベル放射性廃棄物の六〇％が、とりあえずここに貯蔵されているのである。

二億リットルほどの高レベル放射性廃棄物と化学製品がここの地下に埋められた一七七個の巨大なタンクに貯蔵されている。これらの貯蔵タンクには、致死量の毒性を持つ半液体、半固体の混合物が入っている。一九五〇年代には、これらの貯蔵タンクに放棄される物体の正確な調査は行なわれていなかった。労働者たちは、自分たちが扱っている物が何なのかも知らずにタンクに入れていった。今日でもなお、放射性元素やタンク内で反応する化学混合物の正確な成分について、エネルギー省は把握していない。これもまたとりあえずとして、二一〇〇トンの放射性燃料、一一トンのプルトニウムがいろいろな形で保管されている。埋蔵、あるいは保管されている七五万㎥（立方メートル）の固形廃棄物はオリンピックプール二五〇個分に相当する。また、ハンフォードには、様々な種類の一九〇〇カ所の貯蔵庫と廃棄場があり、五〇〇以上の建物が汚染されている。これらの数字は背筋をぞっとさせる。

保管は暫定的なはずだったので、最も古いタンクは二十五年の耐用限度で設計されていた。一九七三年、エネルギー省によれば、このうち一五個のタンクから化学物質と放射性物質が漏れ出した。一九九六年には六七個のタンクが漏れた。結局、合計でタンク全体の三分の一が、一九〇〇万リットルの廃棄物を地中、地下水、そして川に放出した。他のタンクでは化学分子が互いに反応し始め、水素ガスのポケットが形成されて爆発する恐れがあった。また、エネルギー省はそのリストを秘密にしているが、その他のガスも、この基地を潜在的に爆発可能なものにしている。

ハンフォードはスポンジのようなもので、放射能汚染と化学的汚染を吸い込んで不治を宣告された土地のようなものだと想像しなければならない。地下六〇メートルの地下水もまた、五二〇㎢にわたって汚染されている。そして、その一部（わずか二〇㎢！）が、アメリカ環境保護庁（ＥＰＡ）の飲料基準をはるかに越える高い汚染率である。少なくとも一〇種類の汚染物質（六種の放射性物質と四種の化学物質）が、この基準を越えている。すなわち、ヨウ素１２９、ストロンチウム９０(*)、ウラン、トリチウム（放射性水素）(*)、テクネチウム９９(*)、カーボン１４（放射性炭素）である。四種の化学物質とは、硝酸塩、四塩化炭素、トリクロロエチレン、六価クロムである。ＥＰＡの責任者たちは、一〇億㎥の地下水が汚染されていると認めている。この水は静止しているわけでもなく、土中に捕えられてもおらず、ゆっくりとではあるが確実に川床に向かって移動している。

　これらの物質のうち、特に、クロムとトリチウムは、コロンビア川の沿岸に広範囲に達している。それらが地下水から川へ浸透するのを止めるための新しいテクノロジーがなければ、やがて川に注ぎ込むのは間違いない。それはいつのことだろうか？　これらの汚染物質は、自滅することもなく、衰えることもない。現在行なわれている除染作業では、井戸から、あるいは、隔離障壁によって、放射性粒子を地中に安定させ、固定するにとどまっている。汚染物質の半減期(*)は、十二年から数十億年まで様々である。つまり、この土地は実に長期にわたって汚染されているということだ。

　爆弾競争は戦後も休むことなく続く。今度の敵はソビエト帝国で、彼らもまた自分たち自身で爆弾を作ることを決めていた。従って、一九五〇年代を通じて廃棄物の管理について、彼ら熱意に燃えたエンジニアたちは少しも心配していなかった。この問題は、今回の調査の間、しばしば私たちが聞かされた理屈でもある。例えば、当時は知らなかった、私たちの前任者たちを非難することはできない、というものだ。その結果、無数の廃棄物が地上や、大急ぎで掘られた溝、あるいは川に捨てられた。大量の廃棄物が地下の、外側が一重の殻でできたタンクの中に置かれている。基地の責任者たちは、これらの廃棄物が地中に漏れることはあり得ないと確信しているらしい。彼らはまた、この措置は一時的なものであること、また、これら巨大なタンクは、もっとよい解決法がみつかるまでの間、放射性混合物を逃がさないことについても確信している。しかし、そうではないだろう。そして、私たちの調査の教訓の一つはそこにある。放射能に関するかぎり、一時的なものは何もないのだ。

エンジニアたちが密閉することができなかったために環境に放出された汚染も忘れてはならない。その大部分は、地中、あるいは川に直接放棄されたものだ。一九四四年から一九七一年までの間、生産工場は、川から水を吸い上げて原子炉を冷却し、その後、その水を川へ直接放流していた。一九五七年、複数のプルトニウム原子炉が、約五万キュリー(原注1)の放射性物質をコロ

原注1：キュリー（記号Ci）は、放射能の古い単位である。1 Ci = 3.7×10^{10} ベクレル。ベクレルは、一秒あたりの一つの核の崩壊に相当する。ベクレルは一秒あたりの事象の数を数えるだけで、その活動が危険かどうかは、発せられる粒子のエネルギーと性質次第である。一方、健康への影響は、放射能源からの被曝の仕方、つまり、単純な照射、吸入、嚥下（経口摂取）によって異なる。

ンビア川に流した。

さらに深刻なのは、エンジニアたちが地元住民たちを実験の対象にしたことだ。一九四九年十二月、地元住民たちは、放射能検出テストと称して、29.6×10^{13}ベクレル(*)のヨウ素１３１を、文字通り振りかけられたのである。

この大規模なテストは「グリーン・ラン　green run」つまり、「緑の競走」と名付けられた。これと比較すれば、一九七九年にスリーマイル島の事故で放出されたのはその五三〇分の一であった（つまり、「たったの」55.5×10^{10}ベクレルである）。対象にされた住民たちは、このテストに関する情報を入手するのに四十年も待たなければならなかった。その間、彼らの健康への対策は何も行なわれなかった。

ハンフォードを包む半透明のベールのような沈黙と秘密の文化は冷戦終結後も変わらなかった。連邦政府は、戦闘的な市民グループの要求で余儀なくされるまで、基地の状態について何も明らかにしなかった。メンバーの多くが甲状腺のトラブルをかかえていたこの市民グループは、行政書類の閲覧の自由に関する法（Freedom of Information Act）を根拠にして情報公開を要求したのだった。

一九八六年、グループのメンバー数人が、一九四〇年代、一九五〇年代のハンフォードの活動に関する真実の発表を要求した。一九八九年五月、三つの連邦機関（ワシントン州環境局、ＥＰＡ〔環境保護庁〕、ＤＯＥ〔エネルギー省〕）が、三者協定に署名した。この書類は、今後三十年間にわたる除染作業を予定している。ハンフォードの役割がプルトニウムの生産から環境の修復へと移った時、この三者協定の各機関は、自分たちが文字通り有毒物質の市場を抱えこんだことに気がついた。

一九九〇年、(原注1) エネルギー省は、一九四〇年代、一九六〇年代にハンフォードの近くに住んでいた人々が受けた健康上のリスクを公式に認めた。一九四四年から一九五六年の間に、意図的に投棄された放射性物質の公式な推定が、アメリカの雑誌、Health Risks(原注2)で公表された。結果は恐るべきものである。およそ五万五〇〇〇人が、健康への、特に甲状腺の病気に悪影響を与えるのに十分な量を被曝(*)していた。

明白な事実を認めるべきである。何年にもわたって何十という研究が実施されたにもかかわらず、環境に放出された放射性物質と化学物質の全体の正確な量はいまだにつかめていないのである。結果としてハンフォードが直面しなければならない脅威はいまだにあいまいである。

原注1：Elouise Schumacher,《U.S.Confirms Health Risks Near Hanford in '40s. '50s》, The Seattle Times, 一九九〇年七月十二日。

原注2：一九四四年から一九五六年の間に放出されたヨウ素131のレベルの公式推定：1944：54000 Ci：1945：340000 Ci；1946：76000 Ci；1947：24000 Ci；1948：1200 Ci；1949：7900 Ci；1950：4000 Ci；1951：18800 Ci；1952：1000 Ci；1953：700 Ci；1954：500 Ci；1955：1100 Ci；1956：400 Ci. Health Risks art.cit.

放射能の川釣り

そこから数百キロ離れたシアトルで、私たちは、ファースト・アベニューのオフィスでトム・カーペンターに会った。トムは、ハンフォード・チャレンジという、この基地の危険を告発する人々の協会を率いている。タイ風スープを前にした彼は私たちに、その協会の役割を説明してくれた。告発者たちはしばしば単独で行動しているので、サポートが必要である。なぜなら、その人自身がその危険なプロジェクト、あるいは製品のために働いている場合、彼は、解雇されたり、のけ者にされかねないからである。「その人は自分が属しているヒエラルキー・システムからの報復の危険にさらされる。特に彼がその組織に経済的、あるいは政治的に依存している場合には」と、ライス・ヌードルを呑み込みながらトムは説明する。ハンフォード・チャレンジは、告発者たちの証言を集めて彼らをサポートするだけでなく、法律的問題が生じた場合はただちに彼らを支援する。

トムは私たちを基地に侵入させる方法を知っていた。「友達から船を借りてあたりを一回りすればいいのさ」。当局が元従業員にガードされた科学観光ツアーを組織している間に、トムの協会は定期的に、交代のガイドつきの見学クルーズをアレンジしている。好奇心旺盛な人たち、知識人たち、ジャーナリストたちがコロンビア川を行く船に乗り、軽食をとりながら古いプルトニウム工場を見学するというクルーズである。このピクニックは実際には、立ち入り禁止区域にできるだけ近い所まで行き、川の汚染状態を調べるための水、泥、木の枝や葉っぱ、貝殻をサンプルとして採取するのが目的である。地元の活動家たちは、トリチウム、ウラン、テクネチウム、などが見つかるだろうという。トムは、彼の古い友人の一人を参加させようと提案する。ノーム・バスクという名前のその人物は、控えめに言ってもかなり個性的である。

彼は六十代のやんちゃ坊主のようで、自らを「放射能活動家」と称している。ミルク色のもじゃもじゃ頭で、孫に甘いおじいちゃんのような雰囲気だ。しかし、このおじいちゃんは、旅行の行き先にちょっと変わった場所を選ぶ。ムルロア、ラ・アーグ、マヤーク、ハンフォード、サヴァンナ・リバー……だ。彼は原子力反対のあらゆる戦いに参加している。横断幕を掲げることだけでは満足せず、自然の中をほっつき歩き、それが軍用だろうと民生用だろうと、原子力産業によって放置された放射性物質の痕跡を探知することを選ぶ。原子物理学を専攻した学者である彼は、施設の周囲を丹念にサンプリングして、原子力反対運動に有利な証拠を集める。メイソン湖の岸にある彼の家の室内装飾はいかにもこの人らしい。壁には、度重なる反対運動で逮捕された時の断固たる姿の写真が貼りめぐらされ、ムルロワでGIGN(訳注)の憲兵たちに没収され、映像をぼかした後で彼に返されたフィルムを自慢げに見せびらかす。

訳注：GIGN＝Groupe d'intervention de la gendarmerie nationale. 特殊憲兵部隊（テロ対策などを担当する）。

彼をこの世界でのちょっとした有名人にした最も有名な行動は、手作りのブラックベリー・ジャム事件だ。このぎくしゃくと歩く六十代の人物は、ハンフォードの原子炉のすぐ下までブラックベリーを摘みに行った。そして、ストロンチウムがいっぱい詰まったジャムをこしらえてビンに詰め、それをエネルギー省事務局の代表者たちに送った。エネルギー省の郵便課がこの放射性のビンを受け取った時、安全探知機が一斉に鳴りわたり、局全体がパニックになったという。「やつらは大量破壊兵器を受け取ってしまったと思ったのさ！」と、ノームは腹を抱えて笑う。この大騒ぎ以来、基地の責任者たちはブラックベリーの木を伐採し、川岸を砂利で覆ってしまった。ノームは私たちに予告する。「ハンフォードは、アメリカで、というより西側で、最も汚染された基地だ。だが、汚染は隠されている。計測器で計っても高い濃度も強い測定値も見られないだろう。分析しても標準よりやや高いくらいしか検出されないだろう。それ以上ではない。私が言いたいのは、この基地の放射能は、川岸の再造成によって隠されているということなんだ。しかし、それがなくなったわけではない。いずれにせよ、全体をクリーンに（除染）する金は国にもないからね」。

私たちはハンフォードのほこりっぽい土を踏むことは禁止されているのか？　それならそれでよし！　原子力基地は常に水を必要とする。基地の中に入る許可が得られないなら、近くの川に船を浮かべればいい。アメリカの法律では、誰も川岸に降りない限り、という条件で、外国人が釣りをすることは禁じていない。そこで、歴史上最初のプルトニウム原子炉に近づくために、私たちはかなり変わった川釣りに出かけることになった。

　二〇〇八年三月二十五日、天気の神々は私たちに味方した。前日までの凍りつくような曇り空が紺碧の空に変わっていた。風も止まっていた。いつもは激しく渦巻いているコロンビア川も、ひと休みしているようにおとなしく見える。ブリュノ・シャレロンは、ＣＲＩＩＲＡＤのロゴのついた白いジャンプスーツを着て、せかせかと動き回る。二日前から、彼は、私たちが当事者たちにインタビューするのを聞くだけではもう我慢できなくなっていた。彼の願いはただ一つ、自分自身でサンプルを採取し、フランス、ドローム県ヴァランスにある彼の研究所に持ち帰って計測することだからだ。彼は前日の下見の時、基地の上流でいくつかの貝と数グラムの沈殿物を採集し、小さなビニール袋に放りこんでいた。今日の私たちはプルトニウム工場のすぐ近くまで行くのである。

　私たちは二台のモーターボートに分乗した。一台目はボブ・Ｓのものだが、彼は、元ハンフォードの従業員で、有毒物質を扱っている最中に怪我をした。現在、エネルギー省と係争中の彼は、カメラの前で証言するよりも、むしろ、控えめに私たちを助けることを選んだ。大の釣りマニアの彼は、私たちのサンプル採取に必要な、ありとあらゆるかさばる釣り道具セットを持っている。ノームは興奮していた。彼はたえずしゃべっていた。岸に近づくやいなや彼は水中におりた。一〇度だというのに、ショートパンツ姿の彼は貝を採集するためにコロンビア川に浸かることを躊躇しなかった。水はあまりに冷たく、私たちは一〇秒以上手を浸すことはできなかった。

ブリュノは川岸を調べたが。放射線(*)はほとんど感知しなかった。彼はシンチロメーター(訳注)、つまり、放射線の流出を一秒毎の回数で計測する機械を、地表から数センチの高さにぶらさげ、堆積物を採取するのである。しかし、岸辺は砂利で覆われていて、それが放射線の流出を止めていることを彼は確認した。当局が通報を受けたらしく、基地の労働者たちが不審気に私たちの遠足を監視し始めた。もしも私たちが川岸の土を踏めば、彼らはすぐに私たちを逮捕するだろう。しかし、土を踏まなければ、彼らは私たちがふざけているのを観察するしかない。ブリュノの汚染計測器、これは、アルファ、ベータ、ガンマという三種の放射線を測定する、一種のヘア・ドライヤーのようなものだが、この機器はうんともすんとも言わなかった。

私たちは一方の岸からもう一方の岸へ移動したが、計測器の沈黙には驚かなかった。ブリュノは、採取したサンプルを調べてもたいしたものはみつからないだろうと推察した。一〇〇キロメートル以上にわたる探索で、私たちはくたびれ果てた。その晩、私たちは、アトミック・ブラッスリー・パブ、エールで元気を取り戻すことにした。全員、ポジトロン（陽電子）ピザを注文し、プルトニウム・ビールを飲み、「隔離」チョコレート・ケーキを食べた。私たちはたしかに、アメリカ原子力の中心にいる。間違いない。

コロンビア川のもっと下流の沿岸で、ブリュノが採取した土と堆積物その他のサンプルを、

CRIIRADの研究所に持ち帰って分析した結果、ウラン238、ウラン235の超過が四倍であること、そして、人工放射性核種（セシウム137(*)およびユウロピウム152(*)）による汚染が明らかになった。ゾーン三〇〇のレベルでのコロンビア川の水の分析ではトリチウム（一三Bq／ℓ）の汚染が明らかになったが、この物質は上流では検出されなかった（二・五Bq／ℓ以下）。

ブリュノはまた、何軒かの住民の家の屋根裏部屋の埃を採取した。「これらの埃の中には、セシウム137の痕跡があるが、その出所を限定するのは難しい。五〇～六〇年代の核実験の降下物なのか？　それともハンフォード基地の投棄物の影響なのか？　結論を出すためにはまだ沢山の計測が必要だろう」と彼は言う。ゾーン三〇〇の基地に面したブドウ畑は私たちの注意を惹いた。私たちは分析するために地元のワインを買った。研究所で分析した結果、たしかに、シラー種のぶどうの果汁に少量のトリチウムが検出された。

分析の結果に説得力がなくても、ブリュノ・シャレロンは意見を変えない。彼は言う。「過去に大量の廃棄をもたらし、その内部全体が汚染され、未だに制御されない漏れと長期にわたるリスクをかかえている基地があることを暴く材料がある」。特に、トリチウム、ストロンチウム90、ヨウ素129、テクネチウム99、ウランである。「しかし、いくつかの採取だけでは、我々はそれを、強力な形で証明することはおそらくできないだろう」。

訳注：シンチロメーター（scintillomètre）またはシンチレーション計数管。放射線が蛍光物質に当たると光を発するのを利用して放射線を検出する計器。

われらが原子物理学技術者、ブリュノにとっては、これらの分析について、距離をとって客観的に考える必要があった。「僕たちが行なったサンプル採取では、ハンフォード周辺の放射能汚染を診断するには量が少なすぎる。過去に実行された大量廃棄の残留の影響について説明するには、もっと首尾一貫した方法で調査を実施しなければならないだろう」。例えば、コロンビア川の堆積物をコアボーリング（柱状コアサンプル採取、柱状採泥）して、一九四〇年から一九七〇年に相当する層を抽出するか、あるいは、この地方の樹木の年輪を調べて、トリチウムと炭素14の蓄積を測定することだ。「（放射能の）漏れは、かつても、そして今も、地下水を汚染し、それは場所によっては川に到達している」。しかし、それをドキュメンタリーとして、明確な形で証明するためには、場所によっては、その一部が川岸の上を流れている水を、その水源レベルで採取することが必要だろう。さらに、水位の低い季節に、歩いてみる必要もあるだろう。なぜなら、水源は現在の川の水位の下に通じているからである。

「水路測量の条件が良くても、何日もの間、何キロもの長さにわたった川岸を調べ、いくつもの水源からサンプル採取をしなければならないだろう。もちろん、川岸への進入が当局から禁じられているのでは、綿密な作業は不可能だ」。

ブリュノはいくつかの問題について我々の注意を喚起した。

まず始めに植物の汚染である。二〇〇六年、エネルギー省は、一九九七年から二〇〇六年の間の、彼らが「汚染の事象」と呼ぶものを記録し、十年毎のレポート(原注1)で発表した。これらの事象の数は、一九九九年の八五件から二〇〇二年の一六件まで、様々である。二〇〇六年のレポートには次のように書かれている。「二〇〇六年、計測期間の間に採集された七五のサンプルから放射線汚染が発見された」。そのうち、七四は、タンブルウィーズ（tumbleweeds. Salsola tragus＝回転草、風に吹かれて転がる草）で、残る一つのサンプルは苔だった。しかし、レポートには、見つかった放射性元素の種類についても、またその量についても、なんの言及もない。私たちは、これについてエネルギー省に問い合わせたが、返事はなかった。二〇〇六年に採集されたサンプルについてのベータ線とガンマ線の測定量についても同様に気づまりな沈黙があっただけだ。いくつかの検査で、二〇種類ほどの動物、あるいは、動物から発生する物質（たとえば巣、など）についての放射能汚染が明らかになった。しかし、既に隠退した基地の元エンジニア、アラン・ボルトによれば、そのサンプルついて特定の放射性核種についての分析は行なわれなかった。自然環境の中でのメーター（計測器）による測定だけだったという。その後、科学者たちは、植物、及び動物のサンプルを、さらに詳しい分析をすることなく、捨ててしまった。

同じく、二〇〇六年の環境レポートによれば、かの名高いゾーン三〇〇からトリチウムが大気中に吐き出されている。このゾーンからの投棄の合計は、三三〇キュリーであり、これは、一

原注1：十年毎のレポート：Hanford Site/Near Facility Environmental Monitoring Data Report for Calendar Year 2006/PNNL-16623

二・二兆（テラ）ベクレルに相当する。「この投棄は、一三〇〇MWの原子炉の投棄の六～八倍の量だ」とブリュノ・シャレロンは断言する。

もう一度くりかえすが、わからないことがまだ無数に残っている。ゾーン三〇〇はなぜトリチウムを大気中に放棄したのだろうか？　なぜ、ゾーン二〇〇と一〇〇のトリチウムの環境投棄の明細が存在しないのだろうか（エネルギー省のレポートには「計測なし」と記録されている）。貯蔵タンクの地下の地盤から拡散した割合はどのくらいだろうか？　ハンフォードの汚染した水、土、あるいは廃棄物から発したトリチウムの環境への拡散はどのように算定されたのだろうか？「驚いたことに、ハンフォードの施設からの炭素14は、過去も現在も、いかなる発生についての言及も報告されていない。過去に実施された環境レポートのどれにもこの放射性元素の計測を書き加えていない。しかし、米国以外の国々では、これが、原子炉、または再処理工場の近隣で受ける集合的照射線量で最大なのだ。これは基礎的な指数だ。なぜ、ハンフォードはそうではないのだろう？」とブリュノは問う。これもまた私たちが知ることはないだろう。

われらが技術者、ブリュノは不満である。そして、こちらが発する疑問とそれに対する沈黙、そして間を置いた当局の返答は、とても信頼を抱かせるものではない。もしブリュノが一緒でなかったら、私たちは、ハンフォードの技術者たちの難解な用語を解読することは不可能だ。困難ながらも探知できたのは、汚染が、あらゆるレベルにあることだった。それは複合的な、最悪の遺産のように見える。

ヤカマ・インディアンから没収された土地

傲慢にも原子力を誇りにしている町、リッチランドを離れる前に、私たちはハンフォードから数マイルの村、ユニオン・ギャップでくらすヤカマ族の酋長、ラッセル・ジムを訪ねた。彼はことの経過を熟知している。エネルギー省は、一八五五年にインディアンからアメリカ人に譲渡された土地にハンフォードを建設した。

ラッセル・ジムは彼の部族の歴史について、そして、彼の部族が自然との間に保っているほとんど官能的な関係について語った。彼らは十九世紀の中頃、キリスト教に改宗させられた。大西部をめざしてやってきた英米の猟師、炭坑夫、開拓者、農夫たちに占領される前のことだ。白人たちはすぐに彼らにとって最初の略奪者になった。土地や天然資源への飽くなき欲望に導かれて、ワシントン州政府は、一八五五年六月九日、インディアン部族たちと条約を結んだ。その日、インディアンたちは連邦政府に、およそ五〇〇万ヘクタールの土地を譲渡した。ヤカマ族だけで四三七万ヘクタールを連邦政府に譲渡した。「結果、部族全体が四〇万ヘクタールに集められた。しかし我々はその地域全体についての権利を保持していた。ハンフォードの施設が建設されたサイトもその地域に含まれていた」と、ラッセル・ジムは説明する。三年の戦いの後インディアンは降伏した。「当時、ヤカマ族の酋長は、この土地での自分たちの権利を持ち続けられるよう交渉をした。漁業や、狩猟や、薬草の採取や、そして特に、聖地での瞑想の権利だ。なぜなら、カスケイド・マウンテンは、我々の部族にとって聖地だからだ。あそこは、我々が何世紀も前から薬草として使ってきた植物が生える所だから」。

自分たちの土地で、じっと基地を見つめながら、ラッセル・ジムは問いかける。白人たちには自分たちが汚染したものを浄化する能力があるのかと。長い、細い、灰色のお下げ髪、引き締まった顎のラッセルは、たった一人で、インディアン部族全体の威厳を体現しているかのようだ。無力であっても毅然としている。「わしが子供だった頃は、川の水が飲めたし、爺さんと一緒に釣った魚を食べることもできた。だが今じゃそれもできない。我々はアメリカ合衆国との契約でしばられている。我々は、州政府とエネルギー省が義務を果たすこと、そして、彼らがこの地を見つけた時のままの、清潔で健康的な環境を我々に返してくれることを望んでいる。もうこれ以上、法律も、基本協定も、約束もいらない。我々が望むのはただ、我々の文化を守ることだけで、そのためには、環境を浄化しなければならないのだ」。

今日では、八八〇〇人がヤカマ部族連合を構成し、一万三七〇〇人以上が居留地内に、あるいは、その近くでくらしている。この居留地の広さは約四五万ヘクタールで、その中には二五万ヘクタールの森、六〇〇〇ヘクタールの耕地がある。ヤカマ部族はワシントン州と共に、コロンビア川、および、その流域に位置する八つの川を共同管理している。部族はそこを「日常的、かつ伝統的な」釣り場とする恩恵に浴している。鮭は、いまでも、部族にとって栄養源であり、象徴的な食料である。その漁の計画については、部族はエネルギー省と協力して、ハンフォードの居留地の汚染されていない池の中で鮭の稚魚を育て、それから川に放流している。「我々が望むのはただ、我々の権利を尊重してくれることだ。我々は、何千年も前からの我々部族の宗教を実践したいだけだ。何世紀もの間、我々を健康に保ってくれた食物を食べたいだけだ。我々は、アメリカ人である前にヤカマ・インディアンなのだ。しかしエネルギー省は、除染によって得られる利点よりも、そのために必要な費用を考える。我々の幸福や健康など、三つ揃いを着た政府の役人たちにとってはどうでもいいことなんだろう」。

一九八〇年一月二十四日、ヤカマ部族は、放射性廃棄物に関する法律（Nuclear Waste Policy Act）の枠内で、放射能問題について証言した初めてのインディアン部族だった。ラッセル・ジムは一縷の望みを持っている。「エネルギー省は土地を返してくれるだろう。彼らはそう約束した。しかしわしがそれを見ることはないだろう。役所のやることはとても時間がかかるし、複雑で、官僚主義的で、政治的な決定はワシントンで下されるのだから」。二〇〇二年、インディアンたちは、被害を受けた場合の損害賠償を約束する法律であるＣＥＲＣＬＡ（原注1）に則ってエネルギー省を告訴した。裁判官は、一刀両断に彼らに有利な決定を下したが、彼らには、天然資源が原子力施設から被害を受けたことを証明するために必要な資金がなかった。「我々は測定

原注1：ＣＥＲＣＬＡ＝Comprehensive Environmental Response, Compensation And Liability Act. 包括的環境対処・補償・責任法。

をするための金を得ようとした。しかし、彼らは法律で認められているにもかかわらず必要な分析のための資金を供与することを拒否した」。損害賠償を受けるためには、部族が汚染の証拠を揃えなければならないのだ……。

問題のデータは細分化されている。二〇〇二年、アメリカ環境保護庁（EPA）は、コロンビア川産の魚の消費の健康への影響について、派手な調査を公表した。コロンビア川の部族間漁業委員会（CPIRC）とEPAは、二段階にわけて調査を行なった。最初にインディアンたちの消費量を推定し、それから、消費された魚に含まれていた化学物質および放射性汚染物質のリストを作る必要があった。一九九四年、CPIRCは、ヤカマ族やウマティラ族など各部族の構成員によって消費された魚の量は、平均的アメリカ人の消費量の六倍から十一倍であると結論を出した。大人たちは人によっては、毎食魚を食べ、一日平均にして三五〇グラム以上の魚を消費する。ここから、調査の第二段階に入る。一九九六年から一九九八年にかけて、調査チームは、二八一種類の魚と卵のサンプルを採集した。チヌーク・サーモン、太平洋のヤツメウナギ、ニジマス、パーチ（すずき科の淡水魚）、白チョウザメ、など、合計一一種類が、コロンビア河流域の一六の川で調査員たちの網にかかった。結果は恐るべきものだった。この魚たちは、一三二種類の化学物質からなる爆弾のように危険な分子の混合を内包していた。即ち、二六種類の殺虫剤、一八種類の金属、七種のPCB（ポリ塩化ビフェニール）、有機塩素を含む芳香族化合物、ダイオキシンを主成分とする一三種のPCB、七種のダイオキシンの同類、一〇種のフラン、五一種のさまざまな化学物質である。そして、探していなければ見つからないのは当然で、放射性元素については何も言っていない。それから十年の間、この数字が新たな調査によって否定されることも、あるいは肯定されることもなかった。

この結果に力を得たEPA（アメリカ環境保護庁）は、ついで、推定被曝量と毒性情報を組み合わせて、ガン発生のリスクについての理論モデルを作った。毎日魚を食べる人々の被曝量は著しく増加する。いくつもの基地で、致命的なガンにかかるリスクは一万分の八に達し、サケとマスを好む人ではそれは千分の二に達する。

ラッセル・ジムがしめくくる。「EPAの調査は、この魚を食べると危険だと断言している。DOE（エネルギー省）は、ハンフォードが問題の唯一の源ではないと言いたいようだ。もしかしたらそうかもしれない、わしにはわからない、しかし、もっと詳しく調べる必要がある」。

彼より前の世代の族長たちと同じように、ラッセルは、自分たちの子孫が彼らの土地で安心してくらすことができるようにするために闘っている。「三十年の間にいろんなことがあった。他の部族たちは、ネヴァダ州のユッカ・マウンテンがアメリカ中の原発の廃棄物を集める場所に指定された日までこの問題に無関心だった。その日以来、直接関わりのあるショショニ族は行動に立ち上がった」。アメリカでは、多数のインディアン部族が、放射性廃棄物に関係がある。彼らの居留地は、大都市から離れていることから、しばしば、核のゴミ捨て場がわりになってきたからだ。一九八三年以降、アメリカ・インディアン国民会議(訳注)（NCAI）は、エネルギー省と協力して働くようになった。この組織は原子力基地や廃棄物の輸送ルートと関わりのある多数の部族をひとつにまとめている。貯蔵基地の記憶に関する作業では当局から相談を受けた。これらの貯蔵基地は、何世紀も、何世紀も、長い時間、識別可能でなければならないだろう。そしてこれらの部族たちは、私たちとは違った方法で、歴史を伝えることができ、彼らなら、技術者たちが、時を越えて伝わる危険信号を考案し、残すのを助けることができるからだ。しかし、インディアンたちは年と共に非常に用心深くなった。そのため、エネルギー省は二〇〇〇年にはインディアン国民会議の活動資金をあっさりとカットしてしまった。

別れを告げるとき、ラッセル・ジムは私たちに、彼の戦いを象徴するロゴが記された一枚の紙を差し出した。それは原子に閉じこめられたピンク・サーモン（Oncorhynchus nerka）だ。彼によれば、この魚は自然のリズムと協調する生き物を象徴している。若いうちは我が道をゆき、大洋で数年すごした後、子孫を残すために、自分が誕生した場所に戻ってくる。海での居場所も、生誕地までの旅も、罠や捕食者や人間たちがつくりあげた産業的な障害物だらけである。何千年も前から変わらず、いつも同じ暮らしを続ける鮭は、インディアンたちに自分たちの過去を思い起こさせる。この魚を取り囲む電子（エレクトロン）の軌道は、人間中心主義の混沌や不安、そして、部族たちが信じる全体的（ホリスティック）な秩序を不安定にしようと脅かす混乱を表わしている。

ジムの言葉は核心をついている。すべての生き物の中に宇宙の複雑さも単純さも結びついている。人類だけがすべてを所有し、管理し、コントロールする権利を主張していいわけではない。かつては、自然は、川の合流地帯で惜しみなく恵みを与えた。野性の鮭を土地の住人として尊重するヤカマの文化は、祖先たちの知恵に訴え、生態系の修復を呼びかける。

訳注：NCAI＝National Congress of American Indians

ロシア、露天のゴミ捨て場

長い間、私は、チェルノブイリは一つしかないと思っていた。しかしそれはそれは間違いだった。歴史上最初の大きな原子力事故は、一九五七年、冷戦の沈黙の最中、旧ソビエト領でおきていた。

アメリカで原子力が誇りであるとすれば、ソビエトでは逆にすべてが秘密に包まれている。ロシアの研究所で最初の爆発があった一九四九年まで、西側世界はソビエトの原子力を真剣に考えていなかった。しかしながら、スターリンの巨大なマシーンは全力で、爆弾(原注1)を手にいれようとしていた。戦争が終わったとき、先行していると安心していたアメリカ人は、間違った噂を真に受けて、敵についてほとんど心配していなかった。やっと東西の力が均衡したのは、一九五三年、ロシアの爆弾が爆発した時であった。

二つの超大国は、大規模な原子力武器庫を建設する決意を固め、巨大な軍産複合基地（コンビナート）の開発に乗り出した。それから六十年たった今でも、スターリンがつくったアトムグラード（原子の町）は存在する。厚い城壁に囲まれたこれらの町には、その中に隠れてくらすためのすべてが揃っている。学校、幼稚園、病院、図書館、劇場、商店、そしてもちろん、原子力工場である。

一九九〇年代の体制崩壊の最中、複数のジャーナリストが、グラスノスチまで秘密にされていたこれらの町について驚くべき報告（原注2）をもたらした。有刺鉄線、監視所など、これらの町は、進入を拒む軍事地帯のすべての特性をそなえていた。ほとんど入るものはなく、出てくるものは全く無かった。エリツィン時代の混乱の後は再び厳しい権力の監視が復活した。今日、外国人は、かつての強力なエネルギー省から私企業になったロスアトム〈Rosatom〉の許可なしにここに立ち入ることは不可能である。しかし同社はロシア人以外には決して立ち入り許可を与えることはない。したがって、ここでもまた、私たちは現地入りをあきらめなければならない。

原注1：A.M.Biew, Kapitza, père de la bombe atomique russe,『カピッツァ、ロシア原爆の父』Editions Piere Horay, 1955
原注2：Jean-François Augereau, Le Monde, 26 septembre 1990

ドキュメンタリー映画にとっては幸いなことだが、住民にとっては不幸なことに、全く異なった二つの状況が同じ場所に集中して存在する場所がある。つまり、現在の汚染と過去の遺産である。ロシア、モスクワの東二〇〇〇キロの所、チェリャビンスクの北に二〇〇〇㎢の広さのオゼルスクー60（またはオジャルスク）原子力施設がある。二十世紀の間、この場所は何度も違う名前になった。チェリャビンスク―40、チェリャビンスク―65、マヤーク、クイシトゥイム……である。史上初の、そして秘密の原子力事故が起きたのはこの場所である。そして、今なお、工場群が放射性廃液や廃ガスを環境に流出し続け、不運な住民たちを露天の原子力のゴミ捨て場に追いやっているのもここである。

マヤーク、ウラルの秘密の町

ウラル山脈の南に位置し、松や白樺の森に埋もれた町、マヤークはハンフォードの双子の兄弟である。カスリ市とクイシトゥイムの間に位置するこの地は、一九四六年、ロシアの原爆の父ともいうべき二人の学者、イゴール・クルチャトフとピョートル・カピッツァによって選ばれた。大急ぎで、極秘裏に作られたこの原子の町はどんな地図にものっていない。知られていないし、存在してもいない。西側の目には見えないのである。

マヤークは、最短時間でマンハッタン計画のロシア版をつくるという重大な任務を帯びた。

当初この原子力施設は、核弾頭のプルトニウムを製造、精製することになっていた。そのために、当局はただちに、周辺から七万人以上の囚人を一つの収容所に集め、彼らをこの建設にあたらせた。

一九四七年一月、アノチカ（＝アンナちゃん）と名付けられた最初のプルトニウム原子炉の建設が始まった。その後三年もたたない一九四九年九月、この原子炉は、ソビエトで最初の核実験に使われるプルトニウムを供給した。マヤークの施設は五つのプルトニウム工場と、一つの使用済み核燃料の再処理工場からなる。マヤークは、ソビエトで最初の原子爆弾の誕生の地だっただけでなく、基地とその周辺は、旧ソビエト領で最も汚染された地域の一つになった。

この地の汚染は四つの段階で進んだ。すなわち、放射能のスポンジ（吸収）、爆発　死の湖そして現在の汚染、である。

放射能のスポンジ（吸収）

開発初期の数年間、この施設は放射性廃液を環境に放出していた。この秘密の町は沼沢地帯に建てられていた。地面はまるでスポンジのようで、小川や、水の流れや、地下水や湖や沼などの水がしみ込んだ湿地帯である。流域の水路全体が相互に依存している。主流はテチャ川という名前の川で、ウラル山脈の東側斜面に位置するイルティアチ湖（lac Irtiach）を源とし、最後にオビ河に注ぐ。当局はこの川に沿って次々におびただしい人造湖を建設した。その目的は二つあり、一つは、高レベルの放射性廃棄物の移動を制限すること、もう一つはより低レベルの残留物を沈殿させるためである。テチャ川の流れを迂回させるためにいくつか運河もつくられたが、夏の増水のたびに定期的に水があふれる。そして、放射能が地域に拡散するのである。

爆発

歴史上最初の原子力事故はこの地で、一九五七年九月二十九日におきた。冷却システムの故障で、タンクに保管されていた高レベルの放射性廃棄物の温度が上昇した。複数の成分からなる蒸気が強力な化学爆発―核爆発ではない―、「TNT」七五トンに相当するエネルギーの爆発を引き起こした。爆発は放射性物質を上空一〇〇〇mの高さまで吹き上げ、放射能を自然の中にまき散らした。どのくらいの量か？　チェルノブイリ(原注1)が吐き出したものの半分に相当するものだった。81.4×10^{16}ベクレルが放出された。爆発で少なくとも二〇〇人が死亡、二三の村（二万人）が強制避難させられ、四万七〇〇〇人が被曝した。微粒子の煙は一〇〇〇㎢に広がって降り注ぎ、三万㎢の土地を汚染した。場所によっては、基準では〇から一〇〇〇の間でなければならない所で、放射能はさらに、一㎢あたり14.8×10^{13}ベクレルに達した。一九六〇年代を通じて、基地の多くの従業員が電離放射線の被曝がもとで死亡した。

アメリカの情報機関は非常に早い時期にこの爆発の情報を入手していた。彼らは、異常な放射能を探知して偵察機を飛ばしたが、問答無用とばかりに撃墜された。原子力事故についても、偵察機撃墜についても、アメリカは沈黙した。なぜなら、この事件がたとえ不幸なことであっても、生まれたばかりの世界の原子力の開発を妨害してはならないとされていたからである。もしもこのとき危険を知ることができていれば、おそらく、民生原子力産業の発展は遅れたかもしれない。この基地の存在は、一九八〇年代の終わりまで、一般の人々には秘密にされていた。

反体制派の科学者、ジョレス・メドベージェフは、ソビエト連邦で何年間も研究を続けた後、一九七三年にイギリスに住み着いた。「当時の私は、西側の専門家たちがマヤークの惨事について知らないということを知らなかった」と、二〇〇八年、ロンドンを訪れた私たちに彼は打ち明けた。一九七六年、彼は、雑誌、『ニューサイエンティスト』に、ソビエト連邦における科学研究についての記事を掲載し、その中で、この爆発について言及した。とたんに原子力の研究者たちから激しい抗議の声があがった。イギリス、アメリカ、フランスの専門家たちは、彼の話を作り話だと決めつけた。当時、イギリスの原子力委員会議長のジョン・ヒル卿は、雑誌、『タイムス』(原注2)の記事で、メドベージェフの主張を「たわごと」、「想像上の作り話」だとこきおろした。メドベージェフはあわてなかった。彼は、ソビエトの科学者たちのすべての出版物を丹

原注1：Jaurès Medvedef, Désastre nucléaire dans l'Oural, Éditions Isoète, 1988. 邦訳：ジョレス・メドベージェフ『ウラルの核惨事』(技術と人間)。
原注2：タイムス、一九七六年一一月八日号。

念に調べ上げ、演繹法で事故の経過、除染作業を再構成し、除染作業者たちが受けた被曝線量を推定しようと試みた。(原注1) 彼の推定を誰も肯定することも否定することもできない。「あなた方は知らない、私も知らない、彼らだけが知っている」。メドベージェフによれば、前述の原子力収容所の囚人たちが事故の除染に参加させられた。チェルノブイリと同じように、彼らはいくつもの村の家々を埋め、土の汚れを除く、つまり、汚染された土の上に耕作することを避けるために土地の表面を削って埋め直すなどの苦役を強いられた。

「ただ、除染作業員たちのリストも、彼らが受けた放射線量を記録した帳面もない」(原注2) とメドベージェフは言う。この条件下では惨劇の状況を総合的に正確に判断することはできない。

死の湖

そしてカラチャイ湖である。一九五〇年以降、放射性廃棄物は、原子力施設の中央に位置するこの四五haの小さな天然の湖に廃棄されてきた。専門家たちは、ここでは現在なお、主としてセシウム１３７とストロンチウム９０による 444×10^{16} ベクレルの放射能があるという推定をしている。一九六七年、大干ばつの年、暴風が干上がった川岸を一掃し、土手の放射性の埃を一〇〇km以上にわたってまき散らした。この問題の改善策として、工場は、湖の水位を維持し、新たな散乱を防ぐため、放射性の弱い液体廃棄物を放出した。この湖では、セシウム１３７は堆積物を形成する粘土に吸着されているらしいのに対して、ストロンチウム９０の場合はそうではなく、地下水の中に移動する特性がある。一九五一年から一九八九年の間、五〇〇万m^3の汚染液が、環境地質層に浸透した。

一九七〇年代以降、当局は、数千のコンクリートブロックを水中に沈め、何トンもの土や岩で覆って、徐々にこの湖を埋めてゆく。一九九一年十月、こうして、湖の表面は以前の半分に縮められた。しかしながら危険は消えるどころではない。最近のカラチャイ湖への訪問で、湖の縁から一〇mほどの所で三〇〇〜六〇〇mR/h（ミリレントゲン/時、つまり、三〜六ミリシーベルト/時）(*)(原注3)が計測された。一五μR/h（一時間あたり一五マイクロレントゲン）という地元のバックグラウンド・ノイズとの比較で標準の二万から四万倍である。一人の人間が川岸に十五分とどまっていれば一ミリシーベルトという世界保健機関（WHO）によって決められた年間被曝限度量を受けることになる。カラチャイ湖は、今日、地球上で最も汚染された場所の一つである。

原注1：前掲書、『ウラルの核惨事』。
原注2：前掲書。
原注3：レントゲンは、電離放射線量の古い単位の一つである。人体、および、すべての生き物についての放射線投棄の影響を測定するために用いられる単位はシーベルト（巻末の用語集を参照）、さらによく使われるのがその約数、ミリシーベルト（mSv）および、マイクロシーベルト（μSv）である。フランスで、一人の人間が自然に受ける年間放射線の平均量は、二・四mSvである。この数値は、地域によって、一・五から六mSv/年の間で変化する。

現在の汚染

マヤークで私たちが見ることになる様々な汚染の問題は、為政者たちにとってはさほどの優先課題ではなさそうだ。この施設はずっと以前から、計り知れない放射性遺産で満杯になっており、汚染は邪魔されることなく、今も続いている。再処理工場にとっては投棄を避けることは技術的に不可能である。工場は使用済み燃料棒を剪断し、最終廃棄物を隔離し、酸性のプールでウランからプルトニウムを分離し、理論的に再使用可能なものを回収しなければならない。これらの過程で、無視できない量の放射性廃液が排泄される。

マヤークの工場は、多かれ少なかれ、ラ・アーグの工場と同じように機能している。一つ違うのは水である。ラ・アーグの工場がその投棄を、周囲の環境全般、特に英仏海峡で希釈できるのに対して、マヤークはそうではなく、ここでは驚くべき量の放射性廃液を、かの有名な湖や自然の貯水池に貯蔵しているのだ。これらの湖や池は、定期的に氾濫するが、工場の責任者が意図的に排水することもある。二〇〇六年、地元当局に禁止されるまで、それが彼らのやり方だった。

これだけ完璧な数々の場面を私たちのドキュメンタリーにおさめようと試みないでいられる

だろうか。私たちはマヤークに行って、原爆製造競争時代の遺産について報告し、地域全体の現在の汚染を証明するつもりだった。しかしながら、私たちは、そのために必要な許可を全く得られなかった。

見捨てられた村、ムスリュモヴォへ

ロシアの列車ほどすばらしい輸送手段はない。眠気を誘うようなのんびりしたスピード、車両の先頭に備えつけられたサモワール、伝説的といっていいほどの女性乗務員たちの愛想の良さ。他の乗客たちと分かち合うお弁当、そして、ウォッカの湯気に包まれた超現実的な会話の味は、他のどんな場所でも味わえないものだ。車内では乗客たちが、それぞれ、駅で大急ぎで買ってきたお宝を披露する。ソーセージ、黒パン、チーズ、ウォッカ、ピクルス、水……、気前のいい人たちが、湿った古い靴下のように臭い魚の干物をしつこく勧めるのには閉口した。

エリック・ゲレと私は、ノヴォシビルスクから二十四時間の列車に乗った。ロシア・グリーンピースのエネルギー・キャンペーンのリーダー、ウラジーミル・チュプロフが私たちに同行する。彼の魚の干物好きには閉口したものの、私たちはすぐにうちとけた。もう何年も前から原子力にとりくんできた彼は、ロシアの核施設のほとんどを知っており、私たちの調査を積極的に助けてくれている。私は何時間も、ロシアの警察のやり方や、自分たちの活動について、彼が微に入り細にわたって語るのを聞いていた。ウラジーミルは、ロシア北部の厳しい自然の中で育った寡黙な男である。コミ族の出である彼は、自分がその中で育った雪景色について、そして、以前、ユギド・ヴァ（Yugid Va）国立公園で働いていた時のことを語った。彼はそこで、スリルを求めてやってくる人たちのために、マイナス三〇度の屋外で眠るという過酷な遠足を組織していた。マイナス五度だというのにすり切れたTシャツ一枚という格好のヴラッド（ウラジーミルの愛称）の、この土地についての知識は私たちを安心させる。

チェリャビンスクは、今回の調査で私たちが訪ねた最も意気消沈する町の中でも上位三位に入る。窓ガラスを流れ落ちる雨の間から、見捨てられた工場や、壊れたソビエト時代の建物、世界の終わりのような灰色の空……等々、さまざまな理由で、この町への到着は忘れがたいものになるだろう。

幸いなことに、愉快な人物が駅で私たちを待っていた。テチャ川沿いの村の一つ、マヤークから五〇キロメートルの、ムスリュモヴォ出身のゴスマン・カビロフだ。がっしりした体格で、頬骨が高く、穏和で同時に毅然としているこの生粋のタタール人が、これから十日間、私たちのガイドである。単なるガイドだけではない。というのは、彼は、テチャのエコロジー組織を率いているからだ。ゴスマンはこの地方ではよく知られた活動家である。彼はこれまでに、ロシアの国会、ドゥーマの階段に放射性の土を置いたり、マヤークの事故の五十周年記念の際に、マスメディア向けに、テチャ川の汚染された水の中で泳いだり、という実績がある。そして数えきれないほどのデモもそうだ。彼は子供の頃に遊んだこの土地について隅々まで知っている。彼の生まれた土地は、マヤークの施設が腐らせた土地でもある。

ゴスマンに連れていかれたホテルでは、ＣＲＩＩＲＡＤの技術者、クリスチャン・クールボンが私たちを待っていた。彼が土や水や牛乳のサンプルを採取し、それを彼の研究室で分析することになっていた。クリスチャンは既に臨戦態勢にあった。ホテルの部屋での簡単な打ち合わせの時、私たちは、この探検に対する彼の用意周到さに圧倒された。クリスチャンは一連の出来事の時間的な前後関係を熟知しており、きっとよい収穫が得られると、エリックに約束する。彼は私たちの証言を支えてくれる。私たちが持ち帰る映像がどんなものであろうと、分析結果は切り札になるだろう。

ここで、私たちのチームに魅力的な通訳が加わった。彼女の名前はレナタ。か細く、デリケートな彼女に、エリックは「小鳥」というニックネームをつけた。ロシア当局が使う紋切り型の言葉の機微を見抜くために、私たちは彼女を必要とする。ムスリュモヴォ村に向けて出発する前に、私たちは、この地方の放射線防護を担当する医学当局に会わなければならない。この数十年の間に四種類の汚染が重なり合っているため、放射能の影響に関する専門の医師たちは、途方もない研究所を使用している。

翌日、最初のインタビューは重要である。ウラル放射線医学研究センター（ＵＲＣＲＭ）の訪問だ。この地方の住民たちが治療のために訪れるのはここである。

チェリャビンスクの放射線医学研究センター所長アレキサンドル・アクレーエフはとても礼儀正しい男性である。お茶の間に、見事な微笑みをうかべながら、彼は地元の住民たち（約五〇万人）が汚染された環境の中で暮らしていることを認めた。それから、今度は真顔になって、しかしそのことは彼らの健康にはほとんど影響がない、と付け加えた。

水色の壁に囲まれた彼の診療所には、五〇ほどのベッドがある。女性たちは一部屋に四人ずつ、男性たちは、八人ずつがそこで眠る。研究室の方はほとんど空っぽで、数少ない研究者たちの周囲は古びた機材であふれている。それでも、患者の体重一キロあたりのベクレル単位の汚染を測定する人体ガンマ線測定器が一台ある。私は、なんとかそのデータ表を見ようとしたのだが、用心深い研究所の責任者は、すぐにノートを閉じてしまった。どちらかといえば現代的なこの機械を除いて、このクリニックの機材はぞっとするほど老朽化している。

一年に一度か二度、眼科医、小児科医、心臓病専門医、そして一般医が一人ずつ、ミニバスに乗って汚染された村々を巡回する。彼らは、そこで、「環境の悪い状況が原因で」広がった疲労や衰弱を目にする、と、アレクサンドル・アクレーエフは打ち明ける。一年に一度か二度、医師団は、さらに検査が必要な患者たちを連れていく。例えば三十八歳のグルナラだ。彼女は二人の小さな娘の母であり、十年以上前から心臓の障害で苦しんでいる。「他の場所に住んでいれば私はもっと健康だったはず。それは確かだわ」と、彼女はエリックのカメラの前で告白する。彼女の家族は、川から二キロの所へ移転させられた。夏、どんなに暑くても、彼女は娘たちには川で遊ばせない。彼女の隣の部屋の住人、マルツィア・マガフロヴァ、六十九歳は、高血圧と心臓血管の障害で苦しんでいる。彼女の深く刻まれた皺が、辛い生活を物語っている。頭のてっぺんでシニョンに結い上げた灰色の髪を花柄のスカーフで覆った彼女には、典型的なイスラム系タタール人らしさがある。白衣を着た医師の前では彼女は黙して語らない。しかし、彼女の目から流れる涙がすべてを語っている。医師は早々に診察を切り上げて言う。「好ましくない環境条件がこの患者の状態に影響していますす」。

男性患者たちの部屋では、六人の男たちが、おとなしくベッドの上に座り、カメラに向かって、自分たちの動揺、混乱、苦しみについて、そして死んだ人たちについて語っている。彼らは全員、病んでいる。そして、全員、ムスリュモヴォの出身である。一人は強い頭痛を、もう一人は背中の痛みを訴える……。医者は、彼らの病気について私たちに何も言おうとしない。彼らの中の一人、ヴィクトル・ワシリエヴィッチは他の人たちより大胆である。「俺は二回ひどい目にあったのさ。生まれた場所で、そして暮らした場所でね。俺が生まれ育ったのはリトヴィヌーだが、あそこは一九五七年の爆発の時、放射能の雲がやってきた。俺たちはそれから数カ月のうちに、ムスリュモヴォに移住させられたのさ」。悪党のようなご面相で、アル中特有の赤く膨れた団子っ鼻の彼は続ける。「俺は、生まれてからずっと、あの川のそばで暮らしてきた。子供の時はもちろん川で泳いだ。仲間たちといつも川で魚を釣って食べるのは楽しかった！　だけど、川は汚れてる！　じゃなけりゃ、役人たちがやってきて近くに別荘でも建てただろうさ」と、彼は笑う。「あそこで暮らしている俺たちはモルモットみたいなもんだ。やつらは人体への放射線の影響を調べるために、俺たちをあの場所に残しておくのさ。国家が国民を保護しないなんて考えられるかい？　俺たちの国みたいに、石油や天然ガスがあって豊かな国がだよ……これは俺たちの運命さ」。

放射線障害研究機関の疫学部門の責任者、ミラ・コセンコは、こうした住人たちが、彼女の研究所にとって経験上どれほど貴重な存在であるかを言外に認める。「私たちは、放射線を浴びた人々について調査し、出生証明書、死亡証明書を記載し、データベースを作成しました。テチャ川への放射性廃棄物の放棄が始まって以来、五十年以上前から、約三万人の集団を観察しています」。観察の結果は明白である。ガンによる死亡率やガンの数と被曝量との間には直接の影響がみられる。しかしこれは大したニュースではない。カーキ・グリーンのスーツで背筋を伸ばしたミラ・コセンコは、それ以上は語らない。彼女は不承不承、あそこの住人たちは「よそよりも白血病が多い」ことを打ち明けた。実際、ムスリュモヴォでは白血病の九二の症例があった。住民一五〇〇人の村にしては驚くべき数字である。「この状況だけでも、将来、私たちが住民を援助できるように、人体に対する放射能の影響を調べる意味があります」。科学のシニシズムには限度がない。フランスの放射線防護および原子力安全機関の研究者たち数人がムスリュモヴォに派遣されて、住人たちが受けた放射線量を計算するロシアの科学者たちを手伝ったことがある。そのうちの一人はこう告白している「あそこでは、データの入手が非常に難しい……」と。

こうして一日を過ごした後、私たちはこれまで以上に、住民たちがその中で生活している環境の放射線を測定しようと決意を固めた。エリックは映像を撮影する。クリスチャンは森や林の中や川岸を歩き回り、区域を細かく区切って放射線測定器で測定するのだ。私たちはゴスマンのステーションワゴンにすし詰めになってムスリュモヴォに向かった。何週間も前から本や、新聞雑誌の記事や、映像を通じて調べてきたことを、とうとうこの目で見るのだ。まるですべての知識を現実によって引き裂こうとするかのように。

汚染地域における生活

二〇〇〇年まで、ムスリュモヴォの住人は四五〇〇人だった。今日では一五〇〇人がかろうじて生活している。ムスリュモヴォは典型的なロシアの村で、一九三〇年代のフランスの村に似ている。村には中心らしきものはなく、テチャ川に沿って、川で二つに分割されている。小さな畑つきの木造の家が舗装されていない道に沿って、二列に並んでいる。私たちが泊まるのはグリボドフ家で、同じ屋根の下に三世代が同居している一家である。川は、冬を終えた耕起前の畑にふれんばかりに近くを流れている。彼らはこの畑に、キャベツやじゃがいもや、夏にはトマトを少しと、大量のキュウリを栽培する。彼らの家は、現代の家と昔の農家との完全な混ぜ合わせである。農場の中庭はぬかるみだが、改装したキッチンには普通の家庭用電気製品が揃っている。水道はないが、テレビも、最新のコンピューターもある。ロシア風のもてなしに忠実なグリボドフ一家は、私たちを大歓迎し、テーブルにはあふれんばかりのご馳走が並ぶ。肉入りのラビオリ、トマトときゅうりのサラダ、スープ、ウォッカ、パン、チーズ……。

私たちがごちそうになる食事の大部分は汚染されているのではないかと自問する。野菜は、汚染した川の水で栽培され、チーズも、牛乳も、お茶の水も、おそらく、放射性元素でいっぱいだろう。この家の家族はこうした食べ物を一年中消費している。私たちに歓迎の意を表するために、長老がウォッカの瓶をいくつかとりだした。私たちがトランクで運んできたブルゴーニュの大瓶を差し出すと、彼はそれを一気に飲み干した。

一九五七年の大惨事の証人と再会するために、通訳のレナタは、二〇〇七年の五十周年の記念行事で出会った人々にコンタクトをとった。タタラスカヤ・カラボルカ村で、ある日の午後、グルシェラ・イスマギロヴァと会うことになった。彼らの村は一九五七年、放射性の雲が上空を飛んだ地域の一部である。

雨の中、私たちはなかば見捨てられた村を横切った。あたりをぶらぶらしている何人かの住人は、古ぼけたショールやアノラックに身を包んでいる。グルシェラは気性の激しい、威圧的な女性で、私たちを質素な家に迎え入れた。ドアが閉まるやいなや、例によってロウ引きのテーブルクロスの上には食べ物がいっぱい並ぶ。スープ、サラダ、ドライ・フルーツ、菓子パン、キャンデー……。彼女にインタビューするためには差し出されたものを有り難くいただかなければならない。

彼女は、一九七五年の「ひどい出来事」をとてもよく覚えている。当時、彼女は十二歳だった。九月二十九日の日曜日、ジャガイモを収穫するために全校で畑にいた。当時、集団農場は村全体の仕事だった。「女たちは乳飲み子をかかえて行ったし、大きな子供たちはチビたちのおもりをさせられたものよ」。畑で忙しく働いていると、大きな爆発音が聞こえた。大きな子供たちは木に登って何があったのか見ようとした。年寄りたちはすぐさま、爆撃だと思った。「数分のうちに、空が汚れたように、黒く、赤くなったの……」

翌日、コルホーズの労働者たちが学校に子供たちを迎えにきて、畑につれ戻された。しかし、今度の収穫は変わっていた。「私たちはトラクターで掘った溝に、じゃがいもを投げ入れるように言われたの。なぜだかわからなかったけど……」。教師たちは、じゃがいものために授業を中断させた労働者たちに悪態をついた。十一月一日まで、ひと月かかって、村中総出で、理由もわからずに、収穫したジャガイモを全部捨てた。汚染の恐れからだったのか？ 住民たちはその事を一九九五年まで知らされなかった。四十年もたってからだ！ グルシェラは、当時、コルホーズの責任者だった彼女の父親が、この件について何も言わないと約束する書類に署名させられたことを覚えている。

グルシェラの記憶力は確かに優れていたが、私は彼女の話のすべてを信用することはできなかった。というのは、彼女は私たち取材班のためにさいた時間について金を要求したからだ。私は主義として、たとえ一コペイカでも譲らないことにしている。しかし、「小鳥」のレナタが私を説得しようとして言う。「主義はわかります、ロール、でも状況にもよるでしょう」。最後はエリックが決断した。私はグルシェラに四〇〇〇ルーブルを差し出した。一〇〇ユーロちょっとである。人によっては、これはひと月分の給料以上である。金額はともかく、金で買ったかどうかは別にして、この証言は、私たちを最大の困難に直面させた。情報の突き合わせである。二〇〇七年、大惨事の五十周年記念の時、すでに、グルシェラはメディアが目をつけた「おなじみさん」の一人であった。彼女はローカル・テレビにも取材され、それから沢山のロシアおよび海外のジャーナリストのインタビューを受けた。ひょっとしたら、彼女は、人が聞きたいことしか言わないのではないか？　古い記録はずっと前に破棄されているか、あるいはただ単に入手できないのだし、思い出は薄れ、記憶は自分の都合のいいように選択し、分類を始める。私たちは、地元当局、政府、強力な複合企業体（コングロマリット）であるロスアトムに何度もしつこく情報を要求したが無駄だった。ロシア人は、伝達を拒否するやり方を実によく心得ている。情報の確認はここではまるで格闘技のようだ。特に、文化的習慣や貧困から、人が証言を避けようとする国では。

これまでのロシア、ベラルーシ、およびウクライナでのルポルタージュの時、私はすでに、自分が歴史から逸脱しているのではないかと感じたことがある。証人が誇張したり、話が脇道にそれたり、確認しようのない思い出を語るとき、どうして、疑いや不安を感じないでいられるだろう？　それに、放射能についてのレポートにはデリケートなものがあり、様々な立場からなされた鑑定の矛盾が、これら様々な現象をさらに不可解にする。残るのは信頼だけである。

グルシェラの村から戻る途中、私たちは、エカテリンブルグとチェリャビンスクを結ぶ道路の端で、緊張を解くために、車を止めて一休みすることにした。車が停車したとたん、お互いにもたれかかっているように見える安レストランから、エプロンをつけたたくさんの女性たちがバラバラと走り出てきた。彼女たちはまるで売春婦のように通りかかる車の運転者に大声で呼びかける。私たちチームを今日の売り上げに加えようというのだ。私たちは一軒の店に入ることにする。男たちはシャシリック(訳注1)を注文したが、私はよした。アメリカ取材の時以来、個人的挑戦として自分に課した菜食主義を続けているからだ。私はスープと、チーズの衣揚げ（油が顎に滴り落ちる）とコーヒー（ひどい味だったが体を温めてくれた）を注文した。

帰り道の半分を過ぎた頃、ゴスマンが橋の前でスピードを落とした。この下で測定すれば数値が得られるだろうと言うのだ。早速、クリスチャンがシンチロメーター(訳注2)をビニール袋に入れて歩いてみることになった。足が地面につくやいなや、彼はなにか異常なものを感知し、計器

訳注1：シャシリック＝串焼きの肉。ケバブの一種。
訳注2：前掲。（五七頁）。

が暴走し始めた。橋の下の川の流れはどちらかといえば速い。泥に残された足跡は、住民たちがここへしょっちゅう釣りをしにくることを示している。橋の上をトラックや乗用車が高速で走ってゆく。

上流では、川は沼に紛れ込み、下流ではムスリュモヴォに向かって流れている。計測器を水の上、そして、川岸の上に下げて歩き回りながら、クリスチャンは目を見張るばかりだ。シンチロメーターの鋭い音が、空気を引き裂き、カウンターの表示は上昇し続ける。六〇〇〇から八〇〇〇へ、さらに九〇〇〇へ、そして、毎秒一五〇〇カウント（この地方のバックグラウンドは八〇カウントである）という驚くべき数字で止まった。計測された放射線被曝レベルを見て、クリスチャンは、これ以上ここにいるべきでないと言った。「環境でこれほどの数値はめったに見たことはない。それも、道路脇の橋の下という、このあたりの釣り人が誰でも入れる所だなんて、考えられない！」　私たちは本能的に、まるで敵をやりこめようとするかのように、何度も後ろを振り返らずにいられなかった。そよ風、靴底についた泥、私たちの肺に侵入する空気、そのすべてが潜在的に死をもたらすものになった。

小一時間あたりを「嗅ぎまわった」後、クリスチャンは私たちに先を急ごうとうながした。川岸の散歩が禁じられていることは私たちも知っている。二〇〇七年、アルゼンチンのジャーナリストたちがテチャ川の川岸でゴスマンにインタビューしたかどで逮捕されている。エリックとクリスチャンは、後でここに戻ってきて、もっとおとなしく、もっと控えめなサンプル採集をすることにした。しかし、我らが技術者、クリスチャンが「危険」な場所に足を踏み入れた事は確かだった。彼はこの地域を、ためらわずにチェルノブイリと比較する。ついにその言葉は発せられた。

スベトラナ・コスティナは、この地方の原子力・環境安全局の副局長である。彼女はチェリャビンスクの事務所に私たちを迎え入れたが、そこでは監視役のＦＳＢ（ロシア連邦保安庁、ＫＧＢの新しい名前である）の手先が私たちの会話を詳細にメモしていた。「ムスリュモヴォで暮らすことは危険ではありません」と彼女は断言する。「当局の指示を守ってさえいれば」。例えば？「テチャ川は農業に使用することはできません。泳ぐのも、釣りもいけないし、川の水を飲んだり、料理に使うのはさらにいけません。住人たちはこれについて情報を与えられているし、指示に従っています。さもなければ、何かが起きても、それはその人の責任です」。

私たちがここに滞在している間に聞かされることになるたくさんの嘘のうち、川への立ち入りに関するものは最も明らかな嘘の一つだった。当局は、川岸は立ち入り禁止だと断言する。川に近づくことが法律で禁止されていることは私たちも知っている。しかし、柵もなければ、立ち入りを防ぐ有刺鉄線も何もない。ムスリュモヴォへの道を車で走りながら、私たちは何度も、川に近づくのは簡単であることを確認していた。かなりの数の農場の動物たち、ガチョウや乳牛たちは、おそらく実際には禁止されていないも同然で、川岸で喉の渇きをいやしているのである。

サンプルのうち、隣人の家で採取した牛乳を私たちは持ち帰った。朝一番の乳搾りの時間だった。乳を搾りながら、農婦は私たちの質問に大笑いして答えた。「もちろん、牛乳が危険だとは言われたよ。でも、三〇〇〇ルーブルの年金（月、約八〇ユーロ）だけじゃ、自分で作るものを食べなきゃやっていけないもの」。毎年、医者たちが牛乳を採取してその内容物を分析するためにやってくる。毎回、その結果も指示も同じである。「牛乳を使ってもいけないし、野菜に水をやってもいけない、食品はすべて外から取り寄せろって言うのさ！」　この農婦は、汚染地域での生活に対する賠償と称して、六〇ルーブルの年金（二ユーロ以下）を受け取っている。

動物だけでなく人間たちも川を頼りにしている。地元のネットワークにつながっている家はほとんど無く、水道もない。大勢の農婦たちが朝から、村にいくつかある井戸に行列をつくる。井戸の水は、沖積層で川につながる地下水から流れこんでいる。台所、風呂、食器洗いの水、飲み水、水という、生命に欠かせない要素は、この病んだ川からくるのである。ではどうしたらいいのか？　立ち入りを禁じる？　農場の動物たちを閉じこめる？　実際、どうしたら人々が川を使うことを禁じられるだろうか？

ある朝のこと、この村の雰囲気を映像化するため、エリックがカメラを肩にかつぎ、みんなで村を歩いてみることになった。雨が降っていて、寒く、陰気な村を、私たちは列になって、宿の前の道路を歩いていった。それは、道路というよりは、行く手をふさぐ水たまりだらけのぬかるみの通路である。家は二軒に一軒は壊されている。残されたがれきの中に、生活の名残が散らばっている。釣りの道具、人形、空き瓶、紙、本、ぼろぼろのソファ、ラケット、何十という片方だけの靴を私たちは踏んづけて歩いていった……。ほんのわずかだが人の住んでいる粗末な家もある。霧雨の中、ピョートルは、入口のポーチの前で煙草を吸っている。そのまなざしが微かに曇っているのは、彼が飲んでいるからだ。まだ朝早い、九時にもならないというのに。ピョートルもグルシェラと同様に一九五七年の爆発のことを話す。しかし、彼はそのために金を要求することはないので、それだけでもっと信用できる。当時、彼は、あそこから数キロ離れた　ナディロブノスクに住んでいた。爆発の後、村全体が強制移動させられた。彼の父親は、政府が支給する賠償金を貰ってテチャ川の近くに一軒の家を建てることにした。ピョートルにとって、あの時の心の傷はいまだに強烈である。五十年たっても、家々が破壊され、強制移住させられたことをまざまざと思い出す。「俺は家々が建つのを見ていた、そして、今度は、それが壊されていくのを見てる。哀しいし、腹が立つよ。はらわたが煮えくりかえるようだ」。目に浮かんだ涙を、彼はすばやく袖口で拭き取った。「壊された家々は……まるで爆撃されたみたいだろ」。ここでは、見えない敵が、黙って空気を爆撃する。破壊と追放の憂き目にあった人々と同じように、この年老いた労働者の心は打ちのめされている。彼はそれでも、自分の義務を忘れずに私たちをお茶に誘ってくれた。

例によって食べ物であふれんばかりの食卓の儀式の後、ピョートルと彼の妻のリュドミラは、間もなく自分たちは真新しい地区、「ノヴォ・ムスリュモヴォ」に引っ越さなければならないと語った。彼らは、住みなれた家や、白い石で囲まれた野菜畑や、大切な実のなる木々を離れなければならないことを嘆いていた。壊される家々もあれば、新たに建てられる家々もある。政府は、住民たちに住居を与えるための建設計画を進めている……それは川から二キロの所だという！　わずか二キロである。ここでは誰も、この程度の距離で効果があるとは信じていない。牛はあいかわらずテチャ川の水を飲み、住民たちは村にある七つの井戸から水を汲んでいる。二〇〇七年にストロンチウム９０が見つかったという井戸である。政府は一応、住民たちに選択の余地を与えている。つまり、一家で一〇〇万ルーブルを受け取って遠くへ立ち去るか、でなければ、ノヴォ・ムスリュモヴォに引っ越すかである。一〇〇万ルーブルは、約三万ユーロで、チェリャビンスクにやっと二間の住居が買える金額である。しかし、老人たちの多くは住み慣れた村を離れたがらない。そこで、家から二キロメートルの所へ家具を運んでいくのだ。

そう、ここは、早く来すぎたチェルノブイリである。絶え間なく全てを汚染し続けるチェルノブイリである。西欧では、放射能の危険性について警告する時に決して参照することのない、沈黙のチェルノブイリである。知られざるチェルノブイリであり、それこそ最悪である。

サンプルを回収するのは容易なことではなかった。小鳥ちゃんもウラジーミルも、モスクワからＦｅｄｅｘを送ることを拒否した。問題があったとき追跡されることを恐れたからだ。そこで、私たちのプロデューサー、ボンヌ・ピオッシュ社が、女友達のそのまた友人であるヤンに、モスクワまでの週末旅行を提供することにした。怖いもの知らずなのか、あるいはスリルが好きなのか、彼はプルトニウムの土の詰まった私たちの「お茶の箱」を回収する役を引き受けた。

私たちの採集物の結果はそれ自体が雄弁に物語っている。橋の下で採集した土は、ストロンチウム90、セシウム137、さらに、世界一毒性の強い放射性元素であるプルトニウム239とプルトニウム240を含んでいた。原子力の開発が始まって以来、これらは必ず見つかるもので、空中核実験に由来するものである。しかし、ムスリュモヴォの湿った土に宿るものは、二二〇〇Bq／kgの割合で、おそらくマヤーク原子力基地に由来するものである。長期にわたって非常に毒性の高い放射性元素によるこの汚染は、憂慮すべきという以上のものである。

男性たちが釣った魚は、セシウム137、ストロンチウム90、干し魚は一五〇〇Bq／kg以上を含んでいた。農婦の所で採取した牛乳は、セシウム137、ストロンチウム90、トリチウムに汚染されていた。

ブリュノ・シャレロンによれば、「一日に生の魚を六〇グラム食べると、大人で、一年に三七〇マイクロシーベルト（μSv／年）という放射線量をもたらす。これは、水の中で測定されたトリチウムや、テチャ川の川岸の橋の所の土で探知されたプルトニウムといった、おそらくこの他に存在するはずの放射性核種を計算に入れないでである。受けた放射線量について言えば、牛乳で測定されたセシウム137、ストロンチウム90、そして、トリチウムだけを考慮すれば、毎日一リットル飲むことで、年間の放射線量は大人で四六三μSv、一～二歳の子供で一〇一三μSvになるだろう」。小さな子供たちが毎日一リットルの牛乳を飲めば、国際放射線防護委員会（ICRP）が定めた年間被曝線量限度（一〇〇〇μSv／年）を越えることになる。

他のどの国でも、これだけの事実はみつからない。原子力安全運動組織の会長、ナタリア・ミロノヴァは私たちに語る。「あなた方の国のように、とりわけ原子力化の進んだ国では強力に汚染された地域に人々が住むままにしておかないでしょう。毎秒、放射能を帯びた物質が食物連鎖に取り込まれる危険がある場所なのですよ」。オオカミのような視線のこの女性は、マヤークだろうと、チェルノブイリだろうと、汚染された地方の住人たちを握り拳と決意で守ろうとする。彼女は、チェリャビンスクにある地下の事務所で、忍耐強く、そして優しく私たちを迎えた。飛行機であちこち飛び回り、海外のシンポジウムや、ヨーロッパの様々な機関をめぐって資金集めにかけずり回る、元エンジニアのこの女性は、二十年以上も前から、環境に関して市民社会と権力の間の相互作用に情熱を注いでいる。

「回りくどいやり方はしません。ロシアの再処理工場が動き続け、止まらないのであれば、住民たちを立ち退かせなければなりません。これほどひどく汚染された地域に人が住んでいるという事実は容認できません」。ナタリア・ミロノヴァは、住民たちに多く見られる不妊症、ガン、心臓病について言及する。
明らかに、住民たちを数キロメートル移動させても事態は何も変わらない。この地域全体が広大な核のゴミ捨て場で、環境、植物、水、魚、牛乳、そして、たぶん、すべての食物連鎖が汚染されている。果たしてロシア人たちは、私たちよりも放射能への抵抗力が強いのだろうか？　原子力エネルギーが大好きなフランス人たちは、こんな環境に住むことを受け入れるだろうか？

第二部　不満足な技術的解決法

再処理の実態調査

フランス原子力半島の中心で

二〇〇六年四月十六日。ヨーロッパの原子力反対派は、十日の前倒しでチェルノブイリ事故二十周年記念集会を「祝った」。この年、私は、事故の記念式典を取材するために自分を現地に派遣してくれるようにと、他の誰よりもしつこくリベラシオン紙に申し込んでいた。あの大惨事からの二十年について、私は二〇枚程度の記事を考えていた。事故の経過、汚染地域での生活、今も数千人が働いている事故原発での日常などを書くつもりだった。同僚の一人から、新聞を売るのにこれほど「セクシー」でないテーマもない、と言われていたにもかかわらず、私はアイディアいっぱいで、わくわくしていた。結局、同僚は正しかったけれど……それでも、編集長は、一面と、それに続く数ページを与えてくれた。これは、他のタイトルの扱いとくらべてもかなりのものだ。ということで、複数の式典をめざして、私はシェルブールへ向かった。

現地では、道路は、蛍光色のＫ―ｗａｙ（訳注：カーウェイ、フランス生まれの老舗レインウェアブランド）と黄色いカサでごったがえしていた。この、カラフルで騒々しい人々の群は、英仏海峡のくすんだ空をあざけっているようだ。レストランもホテルも、満員の貼り紙で、揚げ物の店はどこもフル回転だ。参加者数は主催者側の発表では二万人近く、警察側の発表では一万人である。この二十周年記念式典は、あいにくの雨にもかかわらず熱気にあふれている。放射能のドラム缶を模したパーカッションが、雨に濡れた町のメインストリートを行くデモ隊のパレードのリズムをとる。商店主たちや客たちが興奮して、「時代遅れの六八年のガウチョたちめ！」とか、「現実ばなれのエコロたち！」と毒づいているのはあまり笑えない。肉屋やパン屋ではデモが全員の賛同を得ているわけではない。ここでは、原子力は、少なく見積もっても、町の人口の三分の一を雇っている。

行列は港で歩みを止め、そこで活動家たちは濡れた舗道に横たわる。これは、チェルノブイリの「除染作業」で死んだ人たちに敬意を表する演出である。一九八六年、彼らは、破損した原子炉から放射能が漏れ出すのをくい止めるために、ソビエト権力の犠牲になった。何十万人もの男たち、若い職業軍人たちが高レベルに汚染された自然の中で除染作業に参加し、そこで命を落とした。正確な人数はわからないが、その数は推定では、二〇万人から一〇〇万人と言われている。溶融する炉心のすぐ下で、彼らは、水との接触を防ぐために、トンネルを掘った。そして、周囲の何百という村々、家々を破壊し土中に埋めていった。彼らの犠牲がなかったら、ヨーロッパのかなりの部分が、原発中心から半径三〇キロメートルの立ち入り禁止区域と同じように、汚染されたに違いない。

エコロジスト派の大物たち、ドミニク・ヴォワネ、イヴ・コシェ、ミシェール・リヴァジ（緑の党）、コリンヌ・ルパージュ（元フランス環境大臣、Cap21代表）、ジョゼ・ボヴェ、そして社会党左派が反原子力派とみなすわずかの人々が、カメラの前を行進してゆく。気さくな雰囲気、フライとソーセージの匂い、ベジタリアン料理、バイオ・ビール、そして活動家のスタンド。参加者たちはTシャツやこの機会のために出版された何冊かの本を買う。

二十年来、原子力反対派は、あの大事故の亡霊を振りかざしてきた。たしかにあれから二十年間、もう一つのチェルノブイリは起きなかったことは確かだ。そして、原子力こそ我々のエネルギーと気候温暖化問題への最大の解決であると主張する原子力推進派の躍進を前に、原子力反対運動は元気をなくした。エネルギー需要増加の方程式＋温室効果に対する排出ガスの制限は、原子力で解決できるというのだ。しかし、やや流行遅れの原子力反対派もがんばっている。彼らが常に正しく、説得力がある、というわけでもないが、中には自分たちの論拠に磨きをかけて、活動をより柔軟にすることができた人々もいる。彼らは、たった一つの考えに対抗して、くじけずに、誰も聞きたがらない証拠を繰り返す。危険性、費用、無能さ、リスク、浪費、汚染、廃棄物、などなどである。

民生用原子力の最悪の事故を記念するために、シェルブール以上に象徴的な場所はないだろう。シェルブールは、まさに、フランス原子力半島の首都という異名にふさわしい。あたりには、施設が扇のように広がり、フランス海軍の、「ル・トリオンファン」級原子力潜水艦を製造する海軍核兵器工廠から、未来の原子炉ＥＰＲが建設される予定の広大な空き地、フラマンビルの九〇〇ＭＷの二基の原子炉が、英仏海峡沿いに並んでいる。最後に、ラ・アーグの岬にあるのが原子力産業の花形であり、フランス原子力発電所の使用済み核燃料がすべて集中するアレバの再処理工場である。言い逃れるすべはない。この地域は原子力と共に生きている。ドローム県のトリカスタンと同じように。

それから二年後の二〇〇八年四月二十一日、ラ・アーグの再処理工場撮影のためシェルブールを再訪した。頭上の空は相変わらず銀色に拡がっている。今回はお祭り気分というよりむしろ集中という雰囲気である。フランスの放射性廃棄物の管理を理解するためには、フランスの核燃料の行程を追わなければならない。そのためには、ラ・アーグの工場は避けて通れない。フランス全国の五八基の原子炉の使用済み核燃料はすべてここに集められる。このドキュメンタリーについて、アレバはルールに従うことに決め、私たちに施設の門を開いた。私たちは核燃料サイクル(*)全体を理解したかったので、かの有名なニュークリア・サイクルのための子会社、アレバNC（旧コジェマCogema = Compagnie générale des matières nucléaires　フランス核燃料会社）は避けて通れない。従って、最初のガイドつきの訪問はラ・アーグであった。

私たちは、広報部長のクリストフ・ヌーニョ、工場長のエリック・ブランに迎えられ、盆に盛られた潮の香りがする食事をとった後、更衣室に向かった。アレバの装具一式を身につけなければならないのだ。つまり、白いジャンプスーツ、コジェマの靴下、そして、放射線防護キットである。私たちはこれから、通常は決して見られないものを「見る」ことになる。つまり、ちょっとさわっただけで死に至るほど高濃度の放射性元素である。

再処理、あるいは、薪の補給方法

アンヌ・ロベルジョンと、このテクノロジーの推進派たちによれば、原子力エネルギーはリサイクル可能なエネルギーであり、再処理はその最高の道具のひとつである。

暖をとるために暖炉に薪をくべるように、電気を作るために原子炉は燃料を必要とする。薪が燃えて火になり、完全に燃え尽くすと、灰は捨てられ、再度暖炉の火床にくべられることはない。原子力エネルギーの特殊性は、原子炉の薪、つまり、燃料棒が再利用されることで、なぜならそれが二番目の火に使われるものを含んでいるからである。燃えかすから利用可能なエネルギーの残りを抽出するのが、ここ再処理工場である。

リサイクルについて、アレバは、一般向けのサイト「Parlons-en（それについて話しましょう）」でこう言っている。「原子力は、エネルギー資源のうちで唯一、一次素材がリサイクルされ、燃料として再利用できる資源である。この特性により、発生する放射性廃棄物の量を減らすことができる。また、特に、天然資源を節約し、燃料を最大限活用することが可能になる」（原注1）。

しかしながら、原子力を利用する国々の大半は、炭化した薪の使用は得策ではないと考えている。というよりはむしろ、エネルギーの残滓を抽出してもロウソクの役にはたたないし、経済的にも割が合わず、危険であると考えているのである。彼らは、使った薪、つまり使用済み核燃料はプールに（水は熱を下げる：著者注）保管するか、原発の近くに配備された大きな乾式キャスク（＊）と呼ばれる（使用済み核燃料貯蔵用）コンテナに密閉して冷却する方を選ぶ。これらの国々が選んだのが、開かれたサイクルと呼ばれるものである。

一方、フランスでは、燃えかすは様々に利用可能であるとする。これが閉じたサイクルである。このサイクルの中に閉じこめられた材料は無限にリサイクルされ、無駄になるものは何もなく、すべてが永久に再利用できる。アレバのサイトで見られる色つきの説明図は、このよう

原注1：www.parlonsen.areva.com

に廃棄物の管理についての安全で立派なビジョンを提供している。これがアレバの説明する廃棄物の管理システムである。(原注1) あまりに安全なので、図表には廃棄物は全く出てこない……。

これだけの将来性があるというのに、他の国々はどうして、開かれたサイクルを選択したのだろうか？

運転可能の再処理工場を持っているのは、フランス、日本、ロシア、英国だけである。五番目の工場は日本にあるが、未だに稼働に至っていないし、今まで一度も稼働したことがない。ラ・アーグの双子の姉妹ともいうべきこの日本の施設は、本州の北端、下北半島の太平洋岸の寒村、六ヶ所村に建設された。二〇〇二年、その建設の時は、アレバも一部、指導にあたったが、現地で働いたフランス人技術責任者たちは一様に日仏の協力を褒めちぎる。当時の現地の責任者の一人、ジャン＝リュック・アルヌーは言う。「理想的な協力だった。技術面の取引だけでなく、お互いのノーハウをやりとりしあって、相互の利益を引き出すことができた。六ヶ所村工場の稼働に向けて作業が進むにつれ、我々はこのシステムをますますよく制御できるようになった」。(原注2) しかしその制御はむしろ遅々たるものである。なぜなら六ヶ所村工場はいまだに稼働に至っていないからだ。

アレバのサイトを信じるならば、再処理のプロセスはいとも簡単である。「原子炉からとりだされた使用済み核燃料(*)はまず、原発施設のプールに入れられ、その後、工場に移されて、異なった要素に分類される。フランスでは、ラ・アーグ（コタンタン）のアレバ工場は、使用済み核燃料の処理作業を行ない、そこから出てくる様々な要素を調整する。追加の冷却期間が終わると、ウランの棒（つまり燃料棒）は剪断され、溶かされる。化学処理によって、利用価値のある素材（ウランとプルトニウム）を、リサイクル不能の核分裂物質(＊)から分ける。リサイクル不能の物質は、ガラス固化し、包装する。燃料を包装する金属の殻と末端はコンパクトに包装される」。簡単に言えば、再処理はよい麦と毒麦とをよりわけるテクノロジーである。

私たちは放射性を帯びた燃料が工場に到着してからの行程を追う。最初に、燃料の荷下ろしを監視するコントロール・ルームをたずねる。この日はイタリア人たちだった。制御室の男性たちは、これで何度目になるのか、彼らの仕事を撮影するために訪れたテレビチームを横目で見ている。コントロール・スクリーンには、燃料棒が丁寧に「籠」から取り出されて、ケースに入れられる場面が映っている。私たちは次に、燃料棒の抜き取りゾーンに連れていかれる。いくつもの廊下、階段を通って、やっと、使用済み核燃料棒の優雅なダンスを見ることになる。私たちは少なくとも一メートルの厚さのガラスで保護されている。これが私たちを確実な死から保護している盾である。工場長エリック・ブランの話を聞いていると安心する。結局、何が

原注1：www.areva.com/servlet/operations-fr.html アレバのテレビコマーシャルでは、この図表に、小さな矢印つきの「廃棄物」があるのが認められる。
原注2：Libération, 25 janvier 2002

問題なのだろう？　アレバＮＣはこの件を完璧に制御している。見学コースは秒刻みに設定され、説明も淀みがない。初めての訪問者はみなびっくりしてしまうだろう。それほど、すべての質問に完璧な答が用意されているのだ。しかし、この表向きの単純さの裏には、途方もない複雑さが隠されている。

というわけで、かの有名なプールがあり、ここにケースが保管される。コバルト・ブルーの水槽には、放射性燃料棒の籠が、水深九メートルの深さで何年もの間冷却される。カメラを構えるエリック・ゲレは、簡単な鉄の板と梁からなるプールの天井を撮影することを禁じられている。誰も言わないのだが、それは間違いなく、この工場の最大の弱点であることを私たちは知っている。ワシントンでロバート・アルバレスが我々に、プールでの保管の危険性について警告した時、彼は、ラ・アーグの工場についても言及していた。「もし、飛行機がプールの上で墜落したら、あるいは、悪意ある行為でプールの水が抜かれたりしたら、我々は、四倍のチェルノブイリを抱えることになるだろう」。

私たちはそれから、燃料棒が剪断され、硝酸液に溶解される作業場に移動する。それから利用価値のある材料が回収される。実際にはこの過程はほとんど見ることができない。最も危険な廃棄物のガラス固化と包装の過程になると、さらにはっきりしない。その後、この工場の目玉、保管倉庫のホールである。フランス２のテレビ番組「Complément d'enquête」（調査の補足）」では、コリンヌ・ルパージュとアンヌ・ロベルジョンの二人が一緒に登場し、この、体育館のような場所で撮影された。床の舗装はバスケットボールのコートにようにすべすべしている。そこには保管倉庫の井戸の開口部が識別できる。

エリック・ブランが私たちに説明する。フランスのすべての原子力発電所から一年間に産出される放射性廃棄物全部がこの井戸二つ分に入る。それは、床面積で約一平方メートルにあたる、と。そして、カメラの前ではそれは魅力的にすら見える。工場長が、その両脚を、片方ずつ井戸の口の上に置いて立った時、一つのイメージが作られ、潜在意識に働きかけるそのメッセージは明らかである。フランスの原子炉の廃棄物は、両脚で簡単にまたげるほどのものだ、ということである。確かに、このように紹介されることによって、放射性廃棄物の管理にはなんの問題もない、ということになる。

理論と実際の違い

原子力を魅力的にするには、そのエネルギー効率に、さらに処女のような清潔さを付与することである。つまり、クリーンで、再生可能、再利用可能、しかもリサイクル可能だという。が、しかし……ガラスのビンなら好きなだけ何度も繰り返し使えるが、原発の燃料はたった一度しかリサイクルできないのである。アンヌ・ロベルジョンは数々の公的発言の中でいつも、核燃料の九六%は再利用できると説明している。そこで私たちは、計算機を取り出し、再処理について計算してみることにした。

一トンの使用済み核燃料を例にとってみよう。これがラ・アーグの再処理工場に持ち込まれ、三つの形で出てくる。九五〇kgの再処理ウラン（URT）、一〇kgのプルトニウム、そして再利用できない最終廃棄物とよばれるものは「たったの」四〇kgである。

四〇kgの最終廃棄物（全体の四％）

ここに廃棄物全体の放射能の九五％が集中している。これはガラス固化され、二〇〇六年の放射性廃棄物管理に関する法律(原注1)に従ってフランス国内の地下に埋蔵される。この廃棄物の毒性を弱め、最も毒性の強い元素を分離し、それらをもっと濃度の低い放射性元素に変化させるか、あるいはその寿命を短縮し、長期にわたって人間や環境から隔離できるものに変えることが現在研究されている。しかし、産業省によれば、この仕事は二〇五〇年までかかるそうで、依然として最終廃棄物はリサイクル不能廃棄物の四％であるのに対して、アレバは、残りの九六％を持ち出して反論する。しかし、この最終廃棄物は少なくとも二十万年の間、危険である。

一〇kgのプルトニウム（全体の一％）

このプルトニウムは、劣化ウランと組み合わされてMOX（Mixed Oxyde）とよばれる新しい燃料になる。(訳注) 注意すべきは、MOXの組み合わせには、七～一〇％のプルトニウムが含まれるだけで、ここに劣化ウランを九〇％追加しなければならないことである。現在、フランスの五八基の原子炉のうち、二二基でMOXを燃やしている。一旦燃やされて放射性を帯びたMOXは、依然としてプルトニウム（五％）、そして新しい核分裂物質（六％）を含んでいる。従来の放射性燃料よりも五〜七倍も放射性が強いこのMOXは数十年にわたって非常な高温を出し続ける。MOXの再処理が試みられ、二〇〇三年に許可されたが、二〇三〇年までに工業的に実用化されるめどはたっていない。従って、フランスでは、毎年一二〇トンの燃やされたMOXを保管しなければならない。現時点で、原子力の「リサイクル」は、ここで終わりである。つまりリサイクルは一度だけであり、それも、もとのものよりもさらに悪質な廃棄物を生み出すのである。

九五〇kgの再処理ウラン（全体の九五％）

再処理ウランURTは、理論上は、濃縮されることを条件に再利用が可能である。現在のこの過程はロシアで行なわれている。しかしながら、このウランのほとんど、八五％は、その所有者であるEDF（フランス電力公社）によれば、ロシアには送られず、フランス南部のピエー

原注1：二〇〇六年六月二十八日の法令、二〇〇六年六月二十九日発行の官報一四九号。
参照 www/senat.fr.
訳注：日本ではプルサーマルと呼称する

ルラットに送られ、そこで安定した形に包装され、保管される。EDFにとっては、もっとよいやり方が見つかるまでの、さしあたっての隠し場所である。実際、この再処理ウランの使用は、天然ウランの値段の安さを考えれば採算がとれない。いくつかの調査によれば、天然ウラン五〇〇グラムあたりの値段が三〇〇ドルから三五〇ドルになってやっと採算が採れるという。今日、二〇〇二年から二〇〇七年の間にかなり値上がりした後、ウランの値段は再び下がり、一キロあたり一〇〇ドル以下に落ち込んでいる。従って、URTの採算が取れる閾値にはほど遠い。現在のところは、リサイクルの可能性はある。が、リサイクルはされていない。つまり、この件については、家長がしっかり管理をしているのだから心配するな、と、私たちには説明されているのだが、その実体がこれである。

再処理ウランの一五％、つまり、最初の一トンのうちのちょうど一四二・五kg

これがロシアまでの大旅行をすることになる。コンテナはル・アーブル港で、この種の積み荷専用の貨物船、キャプテン・ルス号に積み込まれ、サンクト・ペテルスブルグの港まで届けられる。ウランはそこで列車に積み込まれ、ロシア連邦を三〇〇〇キロ以上にわたって横切り、シベリアの入口にある原子力コンビナート、セヴェルスク（旧トムスク7）まで運ばれる。ウランはそこで超遠心分離という方法で濃縮される。URTのウラン235の平均含有量は天然ウランとほぼ等しいが、ウラン236を含んでいるために、そのエネルギー内容はより弱い。そこで、URTを、ウラン235の濃縮（約一％から四％）が可能なものに変換しなければならない。単なる天然ウランの濃縮よりもやや複雑なこの作業を、今までのところ、アレバは、ロシアのテネックス社にまかせていた。二〇〇九年五月の、ジョルジュ・ベスⅡ工場の操業開始後は、フランスは超遠心分離の工程を国内のドローム県でできるようになるだろう。とはいえ、一九九四年から二〇〇九年まで、少なくとも十五年の間、フランスのURTは、濃縮されるために八〇〇〇キロ以上を旅してきたのである。なぜロシアなのか、ヨーロッパには、（ドイツ、オランダ、英国の）国際共同企業体、ウレンコ（Urenco）に属する超遠心分離工場が存在しているというのに？　EDFの論拠は驚くべきものだった。その方が便利だから、というのだ！「素材の輸送を最小限にするために、URTの濃縮の段階は現在両方ともロシアで行なわれ、その後の製造段階はフランスのロマン（ドローム県）で行なわれているのです」。八〇〇〇㎞以上に及ぶ放射性素材の輸送が、なぜ「輸送を最小限にする」ことになるのだろう？　実際には、フランスは、EDFの再処理ウランを濃縮するのに必要な設備を持っていないのである。フランスは、オランダの会社、ウレンコで処理できたはずだが、ロシアの方がずっと安い値段を提示したからである。

このプロセスで、素材のほぼ全体が、現地に置きっぱなしになっている。というのは、テネックスとコジェマで交わされた契約（二〇〇九年、二〇一一年、二〇一四年まで続く）は、濃縮された素材はクライアント（つまりEDF）に帰属し、劣化された素材は濃縮業者、テネックスに帰属する、と明記している。ＥＤＦによれば、納品された素材の九〇％は現地にとどまる。これは、劣化ウランの「しっぽ」で、英語でテイル（tails）と呼ばれるものである。私たちはトムスクに赴き、フランスの再処理ウランを見ようと試みたが、やはり、ここでも私たちの前に、門は閉ざされたままだった。私たちは、グーグル・アースの映像で、劣化ウランのコンテナのありかを探した。そして、たくさんのコンテナが巨大な列車駐車場に保管されているのを画面上で見つけた。ＥＤＦとアレバが再処理のプロセスから出たくずを送ったのはこの場所である。極秘裏に。

このように、私たちの方程式の流れに戻れば、一二八・二五kgの劣化ウランのテイルはシベリアに残され、一四・二五kgの濃縮ＵＲＴがフランスに戻ってくることになる。要約すると、有効活用可能な一・五％のＵＲＴは実際に活用される。この再処理ウランのごくわずかな部分は濃縮され、ＥＤＦの二つの原子炉、クルアス3号、4号（アルデッシュ県）に供給される。

つまり、素材は九六％までリサイクル可能かもしれないが、実際にリサイクルされているのは二・五％だけである。驚くべき差である。明らかに、使用済み核燃料の二・五％だけが実際にリサイクルされ、原子力発電のルートに再投入されるのである（簡単にすれば、ロシアに送られる再処理ウラン一五％のうちの一〇％、それに、プルトニウムの一％も忘れてはならない）。これは、アンヌ・ロベルジョンおよび、原子力企業の広報誌が主張する九六％にはあまりにも遠い。

これはつまり、フランスの原発施設のごく一部だけが、なんらかの形で、「リサイクルされた」燃料を使用している、ということにすぎない。数字的に言えば、方程式はためになる。フランス原子力施設の三・四％が濃縮再処理ウランを使用している。「MOXを使用している」二二基の原子炉を加えると、その割合は増え、フランスの原子力発電所の四一％が大なり小なりリサイクル燃料を使っていることになる。

以上が、私たちがとりくんだ冷静な計算である。そしてそれは事実と一致する。私たちの机上の理論的計算は、使用済み核燃料一トンを拠り所にしている。フランスの原発からラ・アーグの再処理工場へ、そしてピエールラットおよびロシアの保管倉庫へ運ばれた正確なトン数を知るために、私たちはEDFに取材を申し込んだ。

核燃料部門の現在の部長、ダニエル・ルロワは、サンドニのプレイエル交差点にあるオフィスで私たちを迎えた。彼は私たちの質問内容に当惑し、返答に窮したあげく、ドキュメンタリーへの登場を拒否した。

それでも、この訪問の数日後、彼の担当部門から私たちの所へ、書面で、二〇〇七年のこのプロセスに関する正確なトン数を送ってきた。「EDFが年に八五〇トンのリズムで実行している使用済み核燃料の（再）処理は平均八一〇トンの再処理ウラン（URT）を産出する。EDFがアレバに依頼している様々な業務の中に、このウランの酸化と、後で再利用するためのピエールラットでのその保管（六九〇トン）、およびそれと平行して、即座のリサイクル、および、あたらしい燃料の製造（一二〇トン）がある」。つまり、ＥＤＦによれば、二〇〇七年には、八一〇トンの再処理ウランがラ・アーグから出たことになる。六九〇トンはピエールラットに保管され、一二〇トンがセヴェルスクでロシアのシステムを使って濃縮される。そこで、ＥＤＦは、素材の九〇％を、ロシアの濃縮業者テネックスに委ねる。このようにして、一二トンの濃縮された再処理ウランがフランスに戻ってくる。従って、二〇〇七年には、素材の一・四％が実際にリサイクルされたことになる。再処理が妥当かどうかを明らかにする数字である。

この、数字で示された事実をみれば、原子力産業の不透明な性格について疑問を持たざるを得ない。素材は確かに九六％リサイクルできる可能性があるが、二〇〇七年に実際にリサイクルされたのは二・五％であり、ＥＤＦ自身の数字によれば二・四％である。これはいったいどういうことか。なぜ私たちは方程式全体を知ることができないのか。それはおそらく、九六％という理論上の数字は正しいからだろう。

暴かれた事実はほんの言い忘れでしかない。ところで、ナチュラリスト、ジャン・ロスタンが書いているように「耐える義務は、知る権利を伴う」。再処理という産業的選択を受け入れる義務があるなら、私たちは、全体の正確な数字を要求する権利がある。可能なことと、実際のこととの間には、意図的にふれられていない、非常に高くつく脅威が存在し、この場合それは産業的な危険を伴うのである。

フランスで生産される電気の三分の一は、少量のリサイクル燃料を「燃やしている」。原子力が、フランスの発電量の八〇％をまかなっており、五八基の原子炉のうち、二四基がこの再処理燃料のごく一部を使用していることを見れば、フランス原子力全体の四一％がリサイクルした薪で動いていることになる。そうして、フランスの電力の三二・八％がリサイクル燃料の一部から生産される……。

専門家たちにとっては、ロシアに放棄された素材は廃棄物とはみなされない。これら、ウランの「しっぽ」は、少なくとも四つの方法で使用することができる。まず初めに、「オーバーフィーディング（過剰摂取させること）」で、これは、ウラン濃縮の輪にこの製品を再投入することである。次に「ディリューション（希釈）」で、これは、軍備縮小によってロシアとアメリカの核兵器庫から出てくる、高度に濃縮された材料と混ぜ合わせることである。それから、MOX燃料の形で原子炉で使用すること（この場合、劣化ウランは重要な構成要素である）である。最後に、高速中性子原子炉の燃料として使用することである。使い道はこんなにあるのだ！　これだけ選択の余地があり、これほど多目的に使える製品をロシアの企業、テネックスに与えてしまうのはなんと残念なことだろう！

「しっぽ」を高速中性子原子炉の燃料として使用することは、断然将来性がある。なぜなら、この、劣化ウランの「端っこ」は、このテクノロジーの「ナチュラルな」燃料だからである。ただし、第四世代の原子炉開発の展望は、いまだ、物理学者たちの妄想の域を出ない。フランス産業省自身の告白によれば、「第四世代の原子炉は、現在のところ、構想の状態であり、研究対象であるが、安全性と生産性の点で将来性があるにしても、その開発は始まったばかりで、重大な技術的断絶がある。従って、二〇四〇年以前に産業的利用が始まることはないだろう」。それまでの三十年という時間が、きっと、私たちに刺激的なサプライズを用意してくれることを想像すると、まさに夢のようである。

正直に言おう。ロシアの当局者たちは、シベリアの限りない平原に数十億トンの劣化ウランを保管しなければならないことなど、歯牙にもかけていない。これはたくさんの金をもたらすマーケットの一部なのだから。ウランの保管場所になっている列車駐車場の近くで暮らす人々にとっては気の毒なことだが。いずれにせよ、ロシア人たちがこの素材を利用することはないというのが、フランスの再処理ウランの行方を追ってトムスクまで行った私たちが発見したことである。

「丸太と頭脳の町」トムスクは、シベリア西部で最初の大学都市である。この町は、一七世紀に、ボリス・ゴドノフによって、地方の部族の襲撃に対してロシア帝国を防備するために建設された。トムスクには今なお、十九世紀に作られた非常に美しい木造の家々や、「偉大な愛国戦争」での死者たちに捧げられたすばらしい記念碑、そして、シベリアで最大の大学がある。住民五〇万人のうち約一〇万人は学生である。町は活気にあふれている。

松と樺の森におおわれたトムスクはシベリアの広大な空間の控えの間である。この町の近くに、かつてトムスク—7と呼ばれていた秘密の町、セヴェルスクがある。町全体が原子力に属し、いかなる外国人も、招待されない限り、足を踏み入れることはできない。コジェマ（現アレバNC）がフランスの再処理ウランの濃縮の契約を交わしたのはここである。私たちは、この場所にどれだけのトン数が運ばれてきたのかを示す資料を入手することができた。情報提供者たちは、施設の落成式の写真まで送ってくれた。外貨を生んでくれるこれらの契約はこの地域の邪魔になることはまずない。むしろその逆である。ロシアの原子力施設は、濃縮から廃棄物の保管まで、彼らのノーハウを維持するためにあらゆる種類の業務を提供する用意がある。オーストラリア、インド、フランス、ドイツ……核エネルギー保有国のほとんどはこうしたロシアの施設のクライアントである。

「場所ならいくらでもあるし、こうした保管はそんなに邪魔になりません」と、この町の放射線安全管理部長、ユーリ・ズブコフははっきり言う。パステルカラーのチェックの半袖シャツを着た彼は、自信たっぷりで、からかうような微笑さえ浮かべている。「ごく率直に言って私は全然気にしていません。放射性の非常に低い素材だし、たとえ、飛行機がコンテナの上に墜落してもたいしたことはないでしょう。ここにはスペースならまだまだある！」。

私たちが会うことが出来た唯一人の反対者は、アレクサンドル・デエフという名前で、彼はローカル新聞を経営していて、地方議員でもある。この、有力者を悩ませているのは、こうしたフランス・ロシア間の契約を巡る議論、あるいは情報がないことである。「これらの商業的契約は、地元の議員にも住民にもなんの相談もなく秘密に交わされました」。彼は度々、テネックス、あるいはロスアトムの高官たちがもらった手数料に言及し、贈収賄という言葉をもらす。防弾ガラスつきの最新の黒い四輪駆動車で過剰武装したボディガードたちの姿はこれら施設の有毒な状態と対照的である。

廃棄物の再処理は本当に必要なのか?

数字が明らかになったところで、反原子力のシンクタンク以外の機関が再処理の妥当性をどう見ているか、知りたくなるのは当然である。科学者たち、および気候、エネルギーの専門家たちからなるグローバル・チャンス協会は、再処理―リサイクルに関する評価で、このテクノロジーの限界を明記している。二〇〇八年に作成されたレポートは、再処理プロセスの各段階を冷静に読み取り、放射性物質の生成流転をあばき、それらのリサイクル率、トン数を計算している。(原注1)このレポートは、素材の収支決算についても、健康や拡散のリスクについても、推進派が紹介する非常に都合のよい数字を疑問視する。そしてまた、いわゆる「最終」廃棄物の現

原注1：www.global-chance.org, Petit memento sur les déchets nucléaires(放射性廃棄物に関するメモ帳)

在の管理戦略（ガラス固化）の矛盾についてさらに強調する。

ＥＤＦはピエールラットに、二万一〇〇〇トン以上のＵＲＴ（再処理ウラン）の「備蓄」を保有している。[原注1]「安定供給という観点からすれば、このウランは、国家の鉱山ともいえる戦略的な備蓄であり、その備蓄量は、ラ・アーグで処理された使用済み燃料の量と、ただちにリサイクルされたＵＲＴの量に応じて、調整することが可能である」ということだが、調整可能という言葉はやや誇張されている。ＵＲＴのストックは毎年、六九〇トン増加する。ところが再処理ウランは天然ウランと値段を競り合っている。「従って、ＵＲＴのサイクルは、一次素材の倹約と、備蓄の安全性と、天然ウランの高騰によって得られる経済的利点とをもたらす最適の時に位置づけることができる」。ウランの価格は、二〇〇二年から二〇〇七年の間、妖精のように気ままにふるまっていたが、その後、下落した。二〇〇二年には、黄色い粉末（いわゆるイエロー・ケーキ）一パウンド（五〇〇グラム）あたり、九・五ドルだったのが、石油価格の上昇に従って、二〇〇七年には一一五ドルにまでなった。しかし、再処理ウランの採算がとれる閾値（限界値）まで達したことはまだ一度もない。

一方、外国の電力会社の使用済み燃料から抽出された一万トンのウランもある。そのうち、五〇〇〇トンは、リサイクルするためクライアントに返送された。残りの五〇〇〇トンはピエールラットに保管されるが、そのうちの半分は外国のクライアント、主として日本の所有物である。このウランは、契約に従って返送されることになっている。残りの半分は、アレバＮＣの所有する戦略上の資源であり、天然ウラン三カ月分の販売に相当する。

二〇〇九年作成の、フランス放射性廃棄物管理庁（ＡＮＤＲＡ）の、放射性廃棄物および有効利用可能な素材についての国の在庫目録(原注1)によれば、ＥＤＦは、二〇〇七年には、二万一一八〇トンの再処理ウランを所有している。ＡＮＤＲＡは、二〇二〇年にはその量が三万六〇〇〇トンになると予想している（二〇三〇年には四万九〇〇〇トン以上）。ストックは従って減ることはなく、その反対である。二〇〇七年、保管された再処理濃縮ウランは三四二トンを数え、二〇一〇年には三五〇トンになると予想されている。さらに、三〇八トンの使用済みＭＯＸが、ル・ブレイエ、シノンＢ、ダンピエール、グラブリーヌ、サンローラン―Ｂ、トリカスタンの各原子力発電所のプールに保管されている。さらに、ラ・アーグ工場には七二〇トンがある。

保管されている間、その素材の身分については何も決まっていない。例えば、高速中性子原子炉、スーパーフェニックスの燃料は、早くても二〇三五年に予定されている再処理のために、施設に保管されており、この理論上の目標のために、この素材の本当の身分が決められないのである。

有効利用可能な素材なのか、あるいは廃棄物なのか？　その境界ははっきりしない。あらゆ

原注1：二〇〇九年六月発行のフランス放射性廃棄物管理庁（ＡＮＤＲＡ）の三回目の在庫目録による。

るテクノロジーにおいて、有効利用できるものと、そうでないものの区別は、その時代の技術的および経済的条件によって異なる。例えば、かの有名な最終廃棄物（放射能の九九％が集中する四％）は、今日では有効利用は不可能であるが、核転換に関する研究が大躍進すれば可能になるかもしれない。グローバル・チャンスによれば、行政側と原子力ロビーによって行なわれる有効利用可能な素材と核廃棄物との区別は、非常に恣意的である。それは、核廃棄物と素材の管理という問題の大きさを判断するためにもやはり危険である。「この意味論的区別はどう見ても根拠がない。というのは、有効利用可能と言われる素材は、エネルギー政策の変動次第で、すぐにも廃棄物に変わる可能性があり、また、原子力の推進派が主張する技術の進歩によって、それまで『最終』とみなされてきた廃棄物が有効利用可能なものになるかもしれないからだ。実際、この区別（のあいまいさ）が特に問題なのは、今後数十年の間管理しなければならない危険な素材のごくわずかのパーセンテージを占めるにすぎない最終廃棄物に議論を集中することによって、一連の環境や健康の問題、安全性の問題をおおい隠すことになるからだ」。

一六〇〇トンの使用済み核燃料を処理できる規模のラ・アーグの工場は、その能力の七〇％しか稼働していない。その主たるクライアントであるEDFは、年間、八五〇トンの使用済み核燃料を持ち込むが、これは、毎年アレバによって処理される総量の八〇％である。その運転コストは年に約一〇億ユーロである。EDFの社長、ピエール・ガドネ自身、リサイクルはEDFにとって非常に高くつく、いっそのこと、（もちろん冗談だが）工場を買いとって閉鎖したいくらいだと言っている。ＥＤＦは、再処理の利益と効率についていささかの疑いを持っているのだろうか。このちょっとした言葉は、オフで発せられたものの、二〇〇八年初め、マスコミで大いにさわがれた。というのは、それが、既に緊張していたフランス原子力の当事者である両社の緊張関係の火に油を注いだからである。二〇〇八年二月、ＥＤＦとアレバ社は、二〇〇七年まで両社を結びつけていた契約の期間を見直すために激しく争った。しかし無駄だった。交渉はまとまらなかったため、現在は暫定的なシステムが行使されている。それについてもっともらしい理由がある。ＥＤＦは、燃料処理についての財政上のより有利な条件に加えて、工場の投資計画について監督権を持つことを希望しており、アレバＮＣはそれを拒否していることである。

フランスの原子力の二大立役者が、いつか役に立つはずの燃料をとっておくというなら、方程式は見かけ以上に複雑であることを忘れるべきではない。天然ウランが将来、圧倒的に不足するということであれば、燃料の慎重な管理は確かに賞賛に値する方針である。しかし、多くの疑問が、答えのないまま残されている。例えば、ピエールラットにため込まれている再処理ウランはいつの日か役に立つのだろうか？（原子力の）テクノロジーはまだ存在するのだろうか？　その時の社会はあえて原子力を使おうとするだろうか？　もっと他の物に移行しているのではないだろうか？

再処理のプロセス、つまり、悪い麦とよい麦を分けることとは、大量の液体と気体の投棄を生じ、そしてまた、深刻に汚染された付随的な廃棄物、殻、末端金具、ケース、工具、泥、などを生じる。

ラ・アーグ工場が、外国の使用済み燃料を処理するとき、同工場は、再処理のプロセスで生じる廃棄物をクライアントに返送しなければならない。しかし、環境グルネル会議の主導者であるジャン＝ルイ・ボルロは、二〇〇八年三月、廃棄物の一部を強制的返送品目から除外することを想定する政令に署名した。これには、施設の維持と保守作業の結果生じる、いわゆる技術的な廃棄物が含まれる。放射性廃液の処理から出る堆積物（泥）、プールの水処理の樹脂、使用済み溶液、解体時の廃棄物、などである。要するに、フランスは、クライアントにとって原子力のゴミ箱になっている。(＊)（再処理という）サービスをした上に、廃棄物に関するクライアントの責任を免除しているのである。これらの廃棄物は、最も放射性の強いものの中には入っていないが、それでもなお、フランスの放射性廃棄物の総量の七〇％に相当するのである（二〇〇七年十二月三十一日の時点で一一五万㎥がフランスで保管されている）。

ラ・アーグと大量の汚染

ラ・アーグの原子力施設は美しい自然の中に広がっている。起伏に富んだ小道、周囲を木々で囲まれた青々とした草原、工場の環境は訪問者をうっとりさせる。西側は花崗岩質の細長い丘が砂丘と海岸を見下ろしている。原発施設にはネ・ドゥ・ジョブールのように壮大なものもあれば、ラ・アーグ岬の沖にあるラス・ブランシャールのように恐ろしげなものもある。東側は、ル・ヴァル・ドゥ・セールの花崗岩の大きな台地で、砂浜や、岬や、河口を経て、ゆっくりと海に沈みこむ。シェルブールを起点に沿岸道路を走っていくと、自分たちが今、フランス原子力半島の真ん中にいることを忘れてしまいそうだ。生垣に囲まれた農地や牧草地、浜辺、沼、断崖、人を寄せ付けない海岸など、この半島は、ノルマンディー沿岸の他の部分では見られない海の景色を見せてくれる。

エリックはきれいな風景を撮ろうとする。その素晴らしい景色を見ながら私たちは車を走らせる。と、突然、カーブをひとつ曲がったところで、白っぽくかすんだ空に包まれた煙突と工場の立方体が姿をあらわす。その前景には、草原が風になびき、牛が静かに草を食べている。彼らは、フランスで最大の原子力施設のすぐ下にいることには全くの関心がなさそうで、好物のごちそうに夢中である。

施設はジョブール台地の頂上にある、面積二三〇ヘクタールの一続きの土地に広がっており、それより低い所、ムリネの谷の四〇ヘクタールが加わる。ここにはＶＩＰ用の宿泊所として使われるアレバＮＣのプライベートホテルがある。工場は有刺鉄線、監視カメラ、対空ミサイルの砲台で守られている。ここでは約六〇〇〇人が働いており、その半分が、この工場を運営しているアレバの子会社、アレバＮＣに雇われ、残りの半分は、下請け業者に雇われている。

直接の雇用か間接の雇用か、そして、支払われる給料は別として、原子力は関連市町村、県、さらに地方にとっても、文字通りの金銭的授かりものである。アレバは、ＥＤＦ（フランス電力）、ＲＡＴＰ（パリ交通公団）、ＳＮＣＦ（フランス国有鉄道）、フランス・テレコムと並んで、最も多額の税金を払っているフランス企業である。二〇〇七年、アレバＮＣは、およそ三億ユーロをマンシュ県の経済に投入し、三〇〇〇万ユーロを投資し、一億二〇〇〇万ユーロを税金として支払っている（県の収入の五六％に相当）。小さなロータリーには花が咲き乱れ、その向こうの完璧な舗装道路、最新の外灯を見ても、それはわかる。事業税はボーモン―ラ・アーグ市町村共同体に再編成された一九の市町村に利益をもたらし、この共同体は、年に三〇〇〇万から四〇〇〇万ユーロという大きな予算を管理している。

歴史的には、この工場は、一九五九年に、フランスの第一世代原子炉の使用済み燃料を再処理することを決定したフランス原子力庁（Commissariat à l'énergie atomique＝ＣＥＡ）の厳しい監督の下に動き始めた。運転開始は一九六七年である。一九七八年、ＣＥＡは、この施設の使用責任をコジェマに委譲した。年がたつにつれて施設は新世代の原子炉に対応していく。一九七六年から二〇〇六年の間に、合計二万二六五八トンの核燃料が、コジェマによって、ラ・アーグで処理された。二〇〇六年三月一日から、コジェマはアレバＮＣという名前になる。

原子力の黎明期には、原子力を利用する国々は廃棄物の生成についてあまり心配していなかった。一九七〇年代、研究者たちは廃棄物を宇宙に送り出すことを考えていた。そして、各国は、それまでの間、とりあえずとして、ただし最初から、廃棄物をドラム缶に詰めて海に捨てていた。しかし、一九七〇年代終わりのグリーンピースの反対運動以後、そして一九八〇年代の十年間の一時中止期間中の一九八三年に、海洋投棄は中止された。一九九三年には北東大西洋環境保護のためにメンバーの一五カ国とECが調印したオスパール条約(訳注)(原注1)によって海洋投棄は最終的に禁止された。これによって、各国は自国のドラム缶を船から海洋投棄できなくなったのだが、不思議なことに、実際には、廃液を直接海岸から投棄することはできるのである！　それがアレバＮＣの工場がやっていることだ。

私たちはこの調査で、特に再処理に関する計算方法を分析し、やり直してみることにこだわってきた。しかし、ここで、この工場から出る放射性投棄の総量、および、それが健康および環境におよぼす影響を詳しく検討することも必要である。この工場は絶え間なく、放射性廃液あるいは廃ガスを吐き出している。これは、この工場の活動上、避けられないものである。

原注１：www.ospar.org.
訳注：オスパール条約　Ospar Convention = Convention for the Protection of the Marine Environment of the North-East Atlantic.　北東大西洋の海洋環境保護に関する条約。オスロ・パリ条約とも言う。一九七四年設置のオスパール委員会の活動が基礎になっている。

この汚染は昨日今日始まったわけではない。一九九五年末、ＣＲＩＩＲＡＤの研究所は、使用済み燃料の剪断、溶解作業の時のクリプトン８５の投棄による影響を問題として採り上げた。実際、この放射性ガスはすべて環境に放出されている。ところが、コジェマによって行なわれていた当時の空気の放射性管理の措置はこれらのガスを対象にしていなかった。

十五年前、ＣＲＩＩＲＡＤの研究所は、施設周辺の地上の苔の放射能を分析して、ヨウ素１２９の注目すべき汚染を指摘した。これは、再処理工場から環境や英仏海峡に大量に投棄されるもう一つの放射性元素である。ところで、ヨウ素１２９の半減期は一五七〇万年である。これはつまり、この放射性元素がその放射能の半分を失うのに、一五〇〇万年以上かかるということである。

この工場は毎年、二〇〇リットルのドラム缶、三三〇〇万個相当を水中パイプを用いて英仏海峡に放出していることが、二〇〇〇年に知れ渡った。当時、コジェマは、新しい経営陣(原注1)の透明性の意志を象徴するため、工場の周囲に、一ダースほどのビデオカメラを設置した。インターネットの利用が社会に広がった時代にふさわしい結構な広報活動である。(海に向けたカメラが)一つ足りないことを除けば、であるが。

活動報告集会で映像を公開したグリーンピースは演出部門の栄冠を勝ち取った。グリーンピースのダイバーたちは、急遽、もう一台のビデオカメラを海底に設置したのだ。海岸から二キロ、水深四〇メートルの海底で、テレビカメラの目の前に、かの有名な水中パイプの末端がある。パイプが絶えず吹き出す泡に立ち向かうダイバーたちの姿は強烈な印象を残した。このNGO（＝グリーンピース）の活動家たちは、海洋投棄を見せるだけでは満足せず、これらの投棄をいくつかの研究所で分析することに決めた。その一つがCRIIRADの研究所である。ダイバーたちは、一九九七年と一九九九年に、海水と沈殿物のサンプルを採集した。一九九八年十一月、もう一つの調査活動では、グリーンピースの活動家たちは、巨大な凧をあげて工場の煙突から出るガスを採集した。その結果、クリプトン85、コバルト60が発見された……。

凧に固定されたサンプル抽出装置のおかげで得られた測定では、工場のいくつかの操業の際に、ラ・アーグ周辺の大気中の放射能は非常に高いレベルに達することを示している（九万Bq／m³、一方、北半球の大気の汚染の平均は一〜二Bq／m³である）。この結果は、IRSN（フランス放射線防護原子力安全研究所）によって確認された。この、公的研究所は工場の周囲の土から二六万Bq／m³まで測定している！

この液体および気体の放射性廃棄物は国境では止まらない。風に乗って、また、海流にのって、さらに広がってゆく。ベルギーのヘント大学の屋上、あるいはスイス・ジュネーブで実行された計測では、工場の操業に応じて、大量のクリプトン85の存在を検出した。オスパール条約にもとづく北東大西洋の健康診断は、(原注1) 重金属、化学物質、放射性物質など、汚染物質の海

原注1：二〇〇一年のVigipirate 計画（フランスの国家安全保障のシステム）の実施により、この映像の放送は中断された。

への拡散を示している。この調査で断然際だっているのは、フランス（ラ・アーグ）とイギリス（セラフィールド）の再処理工場からの放出である。「中でも特に、セシウム137、テクネチウム99、ヨウ素129という、人工的な放射性核種が再処理工場から放出されている（例えば、セラフィールドとラ・アーグの岬）。セシウム137のような、可溶性の放射性核種は、セラフィールドの再処理工場から沿岸の海流に流され、北海を通ってノルウェーから北極まで運ばれる。ラ・アーグから出る廃棄物は、英仏海峡と北海の海流に乗って最後はやはり北極まで到達する。汚染物質は四年から五年でバレンツ海に、七年から九年でアイスランド、およびグリーンランドに到達する」。二〇〇〇年の健康診断は、汚染のレベルが確実に低下していることを強調する。「人工放射性核種の痕跡を観察すると、再処理工場から遠ざかるにつれて減少する。セシウム137の濃度は、再処理工場の近くでは約五〇〇Bq／㎥であるが、外洋では二Bq／㎥である。一九八八年以降、アイルランド沖では一定して減少傾向にある。とはいえ、ノルウェー西岸、北極から遠いにもかかわらず、ここでもやはり、サインを読みとることができる。

一九九九年、この工場から環境に放出された放射能は、旧式の原発からの放出の十五倍であった。以後、テクネチウム99、あるいはプルトニウムといったいくつかの放射性核種の廃棄は大幅に減少した。しかしながら、液体ヨウ素129の廃棄は四倍に、同じくトリチウムの廃棄は三倍に増えている。炭素14の廃ガスは、七倍になり、クリプトン85の廃ガスは五倍、トリチウムの排ガスは三倍になった。さらに、計測されていないものがまだあるが、それらは、定義上、未知のままである。塩素32の排出ガスのように。

エコロジストたちだけでなく、原子力当局者たちもまた、環境汚染について公表している。二〇〇二年一月がその一例で、フランス原子力安全局（ASN、原子力施設からの廃棄の基準を定める機関）がまとめた分析が公表された。それによれば、海底ケーブルの末端にある堆積物は汚染されていた（このケーブルは、一九九七年に行なわれた垢落としで付着していた垢が海に投棄された後、年に一度、検査されている）。

フランスでは、二〇〇六年以降、高位の独立行政当局であるASNは、五人の学者からなる委員会によって監督されており、うち三人は大統領によって任命される。会長はアンドレ＝クロード・ラコストで、彼は、原子力の憲兵とあだなされている。

科学的厳正さのよき番人であるこの人物は寡黙で、言葉の選択に慎重で、カメラの前では終始、居心地悪そうだった。無表情な顔、テーブルの上に平らに置かれた両手の平、背筋はアルファベットの［i］のようにまっすぐ伸ばし、慎重に返答する。インタビューが進むにつれて、彼は譲歩し、認めざるをえなかった。つまり、ラ・アーグ工場の操業が、部分的には、廃棄の規準を決定するということである。もちろん、健康および環境の基準も方程式に入ってくるが、

原注1：ウエブサイト参照：www.ospar.org.

これらの規準が、この工場の廃棄をもとにして定められていることは明らかなようだ。わかりやすく言えば、立法機関が、利用者の必要に応じて規準を定めているのである。これではまるで、道路の安全という目的のためでなく、自動車の性能から計算して制限速度を決めるようなものである。

驚くにはあたらない。クリプトン85、トリチウム、あるいは炭素14のような放射性核種は、利用者が捕えることは難しい。この作業には膨大な費用がかかる。にもかかわらず、イギリス、セラフィールドの工場では、燃料の溶解の間に発生する炭素14を抽出し、それを炭酸バリウム（カーボナイト）の形で沈殿させてから、廃棄物として包装することを決定した。日本の六ヶ所村では、ヨウ素129を固形吸収剤で捕え、フランスの工場がやっているように海に捨てるよりも、それらを寿命のある限り廃棄物として管理する方を選んだ。いずれにせよ、これらは、フランスが実行したがらなかった金のかかる、複雑なプロセスである。

年と共に、問題がマスコミにとり上げられて騒ぎになる前に、企業側は予防線を張るようになる。先手を打って環境レポート(原注1)を提出し、その中で、工場の廃棄物の放射線量を明らかにするのである。大気中には、トリチウム（六三テラベクレル、TBq）、放射性ヨウ素（〇・〇〇〇九二九TBq）、希ガスとして、クリプトン85（二三万七〇〇〇TBq）、炭素14（一三・二TBq）が見られる。英仏海峡には、トリチウム（一万二〇〇〇TBq）、ストロンチウム90およびセシウム137（〇・二二TBq）、アルファ放射体（〇・〇二一TBq）、および、その他の不確定な放射性物質が約一四TBqである。企業側はまた、二〇〇七年にCO_2を八万トン以上放出したと示している。

この同じレポートの中で、同社は、自社の分析の結果も公表している。放射性物質の存在は周囲の小川、海草、軟体動物、魚類、施設から一キロの場所で採取された草のサンプル、牛乳、などの中にも確認された。しかしながら、検出された放射線量はごくわずかで、なんら健康への影響はない、と書いてあるのにはほっとさせられる。

環境保護団体からの執拗な攻撃のせいで、同工場の経営陣は、汚染とその影響を減らすためのかなりの努力をしてきた。残る問題は、同工場が放棄ゼロになることは技術的に不可能だということだ。そこで、規準は、公式には、二つの根拠に応じて決められる。つまり、工場の操業および環境への影響である。

こうした環境への放棄は本当に危険なのだろうか？　この問い自体が、ラ・アーグ工場の環境への影響に関するすべての問題点を要約している。二〇〇〇年代、グリーンピースが引き起こした不安、およびＣＲＩＩＲＡＤの分析を経て、アレバの経営陣はこれを言葉の問題にすりかえて攻撃を巧みにかわす防御法を見つけた。つまり、放射性投棄は存在する、しかし、これらの投棄は環境にはなんの影響も与えない、というのだ。この説明は、ただ一言で言い表わす

原注1：http://www.lahague.areba-nc.fr

ことができる。つまり、（放射線の）量である。実際、全ては、放射線のレベルと、健康および環境への影響の関係次第で、それは人々が受けた放射線量によって表わされる。施設の放射線量の影響、つまり、工場の廃棄物の、ガンや白血病への影響は、放射線核種の拡散と移動のモデルを元にして、毎年評価されている。これらのモデルは、その居住地と生活様式から、最も多く照射を受けたと識別された住民グループに適用される。基地の周辺の五つの村（グレヴィル、エルクヴィル、ディギュルヴィル、ボーモン、ジョブール）に住む住民たちへの影響は、毎年の評価の対象になっている。

自然の放射能による一人あたりの被曝（放射線吸収）量は、フランス国内の平均では二・四mSv／年で、ラ・マンシュ県では平均二・七mSv／年である。

ラ・アーグ工場の投棄は危険なのだろうか？　同社によれば、これらの廃棄物の放射能の影響は、〇・〇一四mSv／年、である。一九九九年以降、同施設は、この放射線測定の影響を、〇・〇三〇mSv／年以下に維持することを目標にしている。これは、関係住民集団に対して「影響ゼロ」に相当すると専門家たちがみなしている値である。この値について、環境保護団体あるいはＣＲＩＩＲＡＤのような研究所は異議を唱えている。

原子力施設の中で最も放射性物質の投棄が多いのが再処理工場である。「これらの投棄は、毎年、大規模な原子力事故ひとつに相当する」と、ヨーロッパ議会で発表された緑の党のレポート(原注1)は指摘している。フランスだけをとっても、五八基の原子炉を数えるフランスの原子力産業全体の放射線量の八〇％は、このラ・アーグ工場からであることは周知のことである。このような施設が何の影響も持たないでいられるだろうか？

なぜこれほどの相違があるのか？　これは単に、被曝量の計算の方法が違うというだけだ。これについては、ＣＲＩＩＲＡＤ研究所の科学チームを率いるブリュノ・シャレロンがとてもよく説明してくれる。「住民たちの被曝量を測定するために専門家たちが根拠にしているモデルは、ヒロシマ、ナガサキの住民たちの被曝量にもとづいています」。アメリカ政府は一九四七年から、日本の（被爆）生存者たちについて広範囲な疫学調査を実施してきた。これらの生存者たちは、一九五〇年からその死に至るまで追跡調査された。彼らの症状がすなわち「影響」ということになる。「被爆量」については、爆発のシミュレーションによる計算と、爆撃の瞬間にその生存者がいた場所を知ることによって、決定される。皮肉なことに、ヒロシマ、ナガサキの原子力の惨事が、「少量の」放射線の危険性がさほど高くないことを証明することに役だったというわけだ。それが、かなり柔軟な防護基準による、原子力産業の低価格の開発を可能にしたのである。

再処理工場の周囲ではごく少量の投棄は絶えず日常的に行なわれているのであり、ヒロシマとナガサキのモデルをそのまま適用することはできない。今日では、すべての科学的議論は、

原注1：Possible Toxic Effects of Nuclear Reprocessing Plants at Sellafield and Cap de La Hague, 二〇〇一年一一月、ヨーロッパ議会での、科学技術選択評価グループ（ＳＴＯＡ）のためのレポート

人体組織への低線量放射線被曝の影響に集中している。これは最も重要な議論である。なぜなら、原子力産業は私たちに、低線量放射線被曝を絶え間なく押しつけるからだ。この低線量放射線被曝が健康に影響があるとしたら、原子力産業の評価は大打撃を受けるおそれがある。

アメリカ、フランスの再処理技術の展望

アレバが再処理工場を一基、なんとしても売り込みたいと夢見ている国があるとすれば、それはまずアメリカである。ところで、アメリカ人のプラグマティズムには定評があり、放射性廃棄物の管理についてもそれがよく表われている。世界一の原子力大国であるアメリカは再処理を望まない。フランス式の再処理のぱっとしないパフォーマンスを見れば、その理由はもっとよく理解できる。

アメリカには稼働中の原子炉が一〇四基あり、総電力の二〇%を供給している。これら一〇四基の原子炉は三十年以上にわたって、約六万トンの使用済み核燃料を産出してきた。これらの燃料は、数年の間プールで冷却された後、もっとよい処理方法が見つかるまでの間、原発の近くの貯蔵用コンテナ（キャスク）に保管される。このストックに、毎年、二〇〇〇トンから三〇〇〇トンが追加される。

原子力大手、アレバは、原発のそばに隠されているこれら数千トンを渇望してやまない。「リ

サイクルすれば、これらの廃棄物は、アメリカの電力七年分をまかなえるだろう」と、北米のアレバＩｎｃ.（原注1）の副社長、ベルナール・エステーブは書いている。私たちは、彼のボス、アラン・マクマフィーと、ワシントン郊外、ベテスダで会った。彼は、再処理はアンクル・サムの国、アメリカで将来性があることを信じて疑わない。サウス・カロライナ州のサヴァンナ・リバーで、ＭＯＸ工場計画が研究段階にあるではないか。ＭＯＸを作るためには、プルトニウムを回収する必要がある……。

私たちは、このアメリカのもう一つの巨大な放射性廃棄物のゴミ捨て場を訪問しようと試みた。サヴァンナ・リバーはディープ・アメリカの好きな人々にとって夢のような名前である。サウス・カロライナとジョージアの間に位置するこの施設は、一九五〇年代、原子力兵器の配備に必要な材料を処理するためにつくられた、アメリカの軍事原子力の要のひとつである。しかし、ハンフォードにせよ、ユッカ、あるいはサヴァンナにせよ、エネルギー省は決して、私たち取材班を施設内に入れようとしなかった。

サヴァンナ・リバーでは、私たちは中レベル放射性廃棄物保管センターとのアポイントをとりつけていた。そこへ行くために飛行機でアトランタまで飛んだのだが、そこで私たちの荷物が紛失した。そこから、入手できた唯一のレンタカー、きわめて使い勝手の悪い「ロードスタ

原注1：ル・モンド、二〇〇七年一一月一三日

ー」に乗り込み、夜のどしゃぶりの雨の中、五〇〇㎞を走破しなければならなかった。朝八時ちょうど、目がさめたばかりの私たちは、やっと工場に到着した。ところが、信じがたいことに、私たちは、撮影を拒絶されたのである。誰ひとり、私たちに原発を見せてくれようとしなかった。完全に手ぶらで帰るのはあまりに癪だったので、アメリカで建設された唯一の、そして、一度も稼働したことのない再処理工場を、遠くから撮影することにした。私たちは、この軍事原子力施設の周囲を一日がかりで撮影し、天地創造派の牧師と話し、サウス・カロライナ独特のバーベキューにくらいつき、それから、タイヤのすり減った惨めなレンタカーで帰途についた。このサヴァンナ行きは、このドキュメンタリー撮影で最も高くついた。

一九七〇年代の末から、再処理はアメリカ国内では禁止されている。原子力が軍事から生まれたことがその理由である。「平和的原子力は、軍事用原子力のめざましい開発の波及効果の恩恵に浴している。それによって、莫大な資金を得ることができたため、例えば、太陽エネルギーなど、他のエネルギー資源よりも早くスタートすることが可能になった。平和的原子力は常に、軍事用原子力のすばらしい開発『テクノロジーの応用』であった。アメリカのシステム、PWR（訳注）は、原子力潜水艦のために開発された。黒鉛型原子炉はドゴールが先制攻撃力（原注1）を持つことを可能にした」。

もともと、原子炉はプルトニウム製造工場以外のなにものでもなかった。では、プルトニウムは何に使うのか？　爆弾である。これまでの章は、これらの工場が、軍拡競争においてどれほど重要であったかを私たちに示している。原子力の民生用への応用について関心が高まったのは一九六〇年代になってからである。なぜなら、プルトニウムを生み出す核分裂反応は、同時に、電気に変換することのできる大量のエネルギーを生み出すからである。核が電力生産に転向して行くにつれて、工場は、巧みな意味論上の手品の対象になっていく。プルトニウムの工場はUPという略号で示されて、生産単位を意味するようになっていく。

一九七七年四月七日、アメリカ大統領、ジミー・カーターは、再処理（つまり、商用を目的とするプルトニウムのリサイクル）を無期限に延期する。彼は、プルトニウムの増殖炉の開発計画をストップし、ウラン濃縮と科学的再処理を可能にする設備、技術の輸出を禁止した。そして、ノース・カロライナ州、バーンウェルに建設された工場は死産を宣告された。

原子力発電計画の支持者たちは、民生用原子力と軍事用原子力がもともと同じ胎から生まれた共通の過去を持つことについてしばしば言い忘れるが、歴史がその痕跡を残している。カーター政権当時の主役の一人だった人物がそのことを私たちに語る。二〇〇八年三月、権威ある物理学者で核問題と軍縮の専門家、フランク・フォン・ヒッペル教授は、プリンストン大学のゴシック風なキャンパスにある、あふれそうな本棚に囲まれた事務所で私たちを迎えた。一九七〇年代、

訳注：加圧水型原子炉—ウェスティングハウス
原注1：Gazette nucleaire, 一九七七年、四〜五月

彼と同僚たちはジミー・カーターの政策に影響を与えた。彼らの仕事は難しくなかったと彼は言う。なぜかといえば、事実が彼らに強力な後押しをしたのである。一九七四年五月十八日、インドが最初の原子爆弾を爆発させたからだ。「再処理をストップするというアメリカの決定は、インドの核爆発のショックからきました。インドは、平和利用計画の枠内で分離した最初のプルトニウムを爆弾作りに利用したのです。しかも、それを平和のための核爆弾であると言い訳した……！　当時国務長官だったキッシンジャーは、このことから、再処理によって生じる核拡散の危険を心配しました。あの時代、フランスは、韓国に再処理工場を売ろうとしており、テクノロジーの一部はすでにパキスタンに譲渡されていましたし、ドイツはブラジルにひとつの工場を売りたいと望んでいました。アメリカは、これらの販売を妨げるために奮闘したのです。なぜなら、アメリカは、これら三カ国が核兵器に特に強い関心を持っていると疑っていたからです」。再処理はプルトニウムを抽出するので、実際、爆弾の一次素材を提供することになる。フランク・フォン・ヒッペル教授にとっては、カーター大統領はおそらく、進行中の争点を最もよく理解したアメリカ大統領である。大統領に選出されるよりもずっと前に、彼は、原子力事故の除染に参加していることを言っておかなければならない。

「一九五二年十二月十二日、カナダで、最初の深刻な事故が起きたのですが、それは幸いなことに原子炉の機材だけでした。チョーク・リヴァーにある大型の研究用重水炉が急激な出力の上昇の結果、破損したのです。この原子炉は一九四三年にケベックでの会議で決定された、アメリカとイギリスの協力のたまものだったのですが、細心の注意を要する解体と復旧作業に二年かかりました。アメリカはこの作戦に参加し、建造にとりかかったばかりの原子力潜水艦二隻の指導監督をする予定だったチームを派遣しました。当時海軍大尉だったジミー・カーターは、原子力潜水艦乗組員としての地上での十一カ月という短い原子力キャリアの途中で、この作戦に参加したのです。そして一九五三年、故郷ジョージアのピーナッツ畑での市民生活に戻ったのです（原注1）」。

この経験から、未来の大統領は、原子力に対して強い疑いと不信感を持つようになった。インドが「平和的な爆弾」を爆発させたとき、彼はきっとこのことを思い出したことだろう。

それから三十年後、アレバは相変わらず、アメリカに再処理工場を売り込もうと苦心している。努力が足りないのではない。大勢の役人、上院議員、連邦議会議員、アメリカの原子力当局の最高責任者、企業人、といった大勢の人々がしばしば、ラ・アーグに招待され、手厚くもてなされている。彼らはアレバが所有するムリネのＶＩＰ用の宿に宿泊し、その名前の由来になった美しい入江を見下ろしながら、シャンペンを飲み、ロブスターの味を楽しむのである。英仏海峡の向こうに沈んでゆく夕日を愛でながら、大半の人々は、帰る時には再処理の原理にす

原注1：Bertrand Goldschmidt, Le Complex atomique, histoire politique de l'énergie nucléaire, Fayard 1980

っかり幻惑されていることだろう。あなたが抱えている問題の九六%は、いまやたった一つでしかないと説得されれば、仏頂面をするのは難しい。

こうしたご招待も有効だろうが、地元でのロビー活動はさらに期待できる。自社の利益を護るため、このフランス原子力大手は、アレバ・アメリカ支社を設立した。首都ワシントンの国会議事堂の心臓の鼓動からわずか数キロの位置にあるこの支社は、アメリカの行政機関を説得するのに最も力のあるロビー活動専門の代理店を雇っている。

アメリカでは、アレバは、モンサントやその他の企業と同様に、「回転ドア」(訳注)に夢中になって経営陣をとっかえひっかえする。つまり、国家の要職についた経験のある人々を次々にリサイクルしていくという、あからさまな権力の利用法である。

モンサントの場合は、すべての食品、医薬品の市場への導入の許認可を与える食品医薬品局(FDA)との交流が行なわれる。アレバ支社の場合は、論理から言って、経営陣をエネルギー省からひっぱってくることになる。こうして、二〇〇一年から二〇〇五年まで、ジョージ・ブッシュ政権の元エネルギー担当国務長官だったスペンサー・アブラハムは、誰ひとり動揺させることなく、アレバ米国支社の非執行会長になった。アメリカでは、一つの同じキャリアを通じて、こうして公職と民間企業の間を行ったり来たりすることはよくある。多国籍企業の役員会に在籍した後、権力の場を歩きまわり、法律を作り上げ、行政の決定を助ける。しかもその全てを、連邦議会や上院や、ホワイト・ハウスの候補者たちを金銭的に援助しながらやってのけるのはごく自然なことである。フランスでもしょっちゅう回転ドアを実行していると反論することはできる。たしかにアンヌ・ロベルジョンは、フランスの産業の花形、アレバを指揮する前に、権力への道を頻繁に通ったのではなかったか？　そう、その通りだ。しかし、フランスでは、アレバは、依然として国が過半数の株を保有する企業である。これはしばしば忘れられがちなことであるが。

いずれにせよ、目的は明白に示されている。アメリカの元エネルギー相、スペンサー・アブラハムは、原子力全体を受け入れ、特に再処理を促進しなければならないと応援する。「原子力と再処理の推進はアメリカでは不可欠である」と、彼は、インタビューの間も、シンポジウムでも、講演会でもずっと訴え続けている。彼の断言は優れているが、予測はそれほどでもなさそうだ。というのは、彼はブッシュ政権の任期満了の前に再処理の採用を予定していたのだ。この控えめな人物は、我々の再三のインタビュー申し込みを拒否した。従って、私たちは彼の公式声明で我慢しなければならなかった。ブッシュ政権と上院（上院の多数派、共和党のボス、ニュー・メキシコ州選出上院議員、ピート・ドメニチは、再処理の熱心な支持者であった）から好意以上の協力を得ても、そしてまた、二〇〇七年には国会に直接または間接に四〇〇万ドルの補助金

訳注：回転ドア　revolving door　メンバーの出入りが激しい組織。政府で政策決定に携わった人が民間企業に移り、公職の経験をもとに高給をとること。

をばらまいても、アレバ支社はいまだに目的を達成することができないでいる。

この賭けの規模を評価するためには、アレバ・グループのアメリカでのロビー活動に関する何百ページにもわたるレポートをめくってみる必要がある。多国籍企業と権力機構（議会、上院、ホワイト・ハウス、国務省）の間の金の流れに関する特別なサイトで、我々は、投入金額、時期、そして目的について、詳細をみることができる。それによれば、アレバ・グループは二〇〇九年、自社の利益を護るために、アメリカの行政に対して既に六七万ドルを支払っていることがわかる。

しかし、抵抗する議員もいる。二〇〇七年十一月、八人の上院議員が、再処理を支持している国際原子力エネルギー・パートナーシップ（GNEP）への援助の停止を要求する非常に明白な文書を上院に提出した。この上院議員たちは、アメリカの納税者たちにとって法外に高いコストを憂慮し（約二〇〇〇億ドル）、この計画の停止を要求した。「再処理は、放射性廃棄物の問題にとって将来性のある解決法ではない。埋蔵施設の必要をなくすことにはならず、新たに高レベルの放射性最終廃棄物を作りだし、それが深地層貯蔵施設を必要とするからだ」。この文書の署名人の一人、ジョン・ケリーは、二〇〇四年の大統領選挙の不運な候補者で、国連の気候変動交渉のアメリカ代表団のリーダーの一人ある。二〇〇九年、エネルギー省が発表したコミュニケはあまり注目されなかったが、それは、再処理の環境的評価をきっぱりと取り消すものので、こう書いている。「エネルギー省はもはや、前政権の主要目標の一つであった国内の商業的再処理に乗り出すつもりはない」。この壮大なプロジェクトについては、非拡散燃料の研究のためにエネルギー省が認めた一億四五〇〇万ドルが残っているだけである。

この大きな挫折にもかかわらず、アレバ支社は契約にはことかかない。同社には四〇以上の施設に散らばった六〇〇〇人の協力者がいる。ＮＲＣ（アメリカ原子力規制委員会）は、二九件の原子炉建設申請書類を受け取っているが、そのうちの七件は、アレバから提出されたもので、同社は、これからの許可の三分の一の獲得を目標としている。アメリカの選挙まであと一週間もないという、二〇〇八年十月三十一日、アレバは、控えめなプレス・コミュニケの中で、ユッカ・マウンテン（ネヴァダ州）に建設予定の使用済み核燃料の貯蔵施設の管理に関して、二五億ドルの契約を獲得したと発表した。様々な入札募集に応じるため、アレバは、エネルギー省の主要な納入会社のひとつであるワシントン・グループ・インターナショナル、また燃料の包装についてはすでにエネルギー省と契約をしているＢＷＸテクノロジーを背後に抱えている。そして、二〇〇八年三月からは、ウランのリサイクルの専門会社、日本原燃が参加する。二〇〇五年には、このフランス原子力グループは、ラ・アーグでアメリカの軍事用プルトニウムを再処理した。これは、軍事用プルトニウムのストックを、民生用の燃料に作り変えて再利用するという、ロシア—アメリカの、「Mox for Peace（ＭＯＸの平和利用）計画の枠組みの中で行なわ

原注１：www.opensecrets.org et www. citizen.org.

れた。

この原子力企業、(アレバ)は、ウランの採掘から廃棄物のドラム缶にいたるまで、核燃料サイクルの完全な制御の上に自らの帝国を作り上げた。そしてこのサイクルのもう一つの部分は、汚染されたものを除染することで、これもまた企業にとってうまみのある契約をもたらす。そこで、アレバ支社のエンジニアたちは、ハンフォードで、そしてもう一つの廃棄物まみれの軍事基地、サヴァンナ・リバーでも働いているのである。

第三部　封じこめられた民主主義

ユッカ、蛇の山

ドキュメンタリー映画の制作は選択を強いる。調査で得た幾つもの貴重な場面を、構成の都合ですべてあきらめなければならないこともある。今回の制作でカットされたのが、アメリカの高レベル放射性廃棄物の埋蔵施設としてのユッカ・マウンテンと、ラスベガスである。ユッカ・マウンテンはフランスではビュール（オート・マルヌ県）に予定されている埋蔵施設に匹敵する。

ユッカ、法律に封じ込められた場所

私たちは二回にわたってアメリカを旅した。一回目は、世界の原子力の誕生の地ハンフォードを訪ねるためだった。二回目は、この原子力大国が、原子力発電所から出てきたばかりの放射能を帯びたお荷物をどのように管理しているのかを理解するためだった。再処理しないのであれば、どうするのか？　核廃棄物に関してアメリカの法律はどう言っているのか？

一九八二年、アメリカ連邦議会は、核廃棄物政策法（Nuclear Waste Policy Act.）を正式に批准した。当時、軍事用原子力と民生用原子力はすでに、四万トンもの高濃度の核廃棄物を産出していた。この法律により、エネルギー省は核燃料について責任を負うことになった。エネルギー省は、地下貯蔵施設の場所を指示し、調査し、建設し、利用するのに一九九八年一月まで（つまり十六年）かかった。その後は、原子力発電所のそばで電力会社が貯蔵しているお荷物はエネルギー省が引き受けなければならないのである。

埋蔵施設の場所として候補に上がったのは、地質学的特徴の異なる九カ所だった。つまり、放射能を閉じこめるのに最も適した土壌が考慮されたのである。ネヴァダ州は凝灰岩、ニューハンプシャー、あるいはヴァーモントは花崗岩、南部諸州では塩である。国立科学アカデミー、地質学者や物理学者の団体がこの仕事にとりくんだ。一九八六年、ユッカ・マウンテンに不利な初期の報告書が次々にエネルギー省の机の上に積み上げられた。にもかかわらず、そんなことはどうでもいい！　とばかりに、一九八七年の連邦議会は断固とした決定を下した。ユッカが候補地として残った唯一の場所だったと知って、科学者たちは仰天した。以後、ユッカについて必要な研究が集中することになる。この研究にはスクリュー・ネヴァダ・ビル（Screw

Nevada Bill）という素敵な名前がつけられた。まさしく、ネヴァダにねじ込む法律である。当時、ネヴァダ州の民主党上院議員として着任したばかりのリチャード・ブライアンは、どんな小さな荷物であろうと、ユッカに廃棄物を受け入れることは絶対に拒否しようと決心した。

ラスベガスのカジノの上にある、すばらしく見晴らしのよいオフィスに私たちを迎え入れたブライアン上院議員は、金縁の眼鏡、完璧なスーツでカメラの前に現われた。壁には、ブッシュ・シニア、あるいはレーガン政権における彼の政治キャリアを飾る褒賞や写真がちりばめられている。「同僚の上院議員たちは同情して私に言うんです。『そりゃあ、不公平には違いない。でも、廃棄物が君の所（ネヴァダ州）に貯蔵されなければ、エネルギー省は他の場所を探すだろう。もしかしたら我々のところに来るかもしれない！』ってね。一九八〇年代、ネヴァダ州はワシントンでは力不足でした。ユッカの選択は完全に政治的なもので、上院は、技術的勧告を完全に無視したのです」。

しかしながら、技術的勧告は凝灰岩の山についての不評を積み重ねていく。フランスの原子力分野でよく知られている有名な物理学者、アージュン・マキジャニは、ユッカの貯蔵保管の実現の可能性について報告する任務を委ねられた数々の科学委員会の一員となった。彼は、アニー夫人と一緒に、ワシントン郊外に、エネルギー環境研究所（IEER）を率いている。エネルギーについての多くの本を書いているアージュン・マキジャニは、ユッカ・マウンテンのどんな小さな弱点も知っている。タルト・タタン（りんごのケーキ）を口に運びながら、この、六十代の、もじゃもじゃ眉毛の人は、ユッカの選択に至る過程でのいくつかの決定的瞬間を思い出す。「想像できないでしょうが、安全性に関する技術的考察がどうだろうと、ユッカに貯蔵するというのが政治的決定だったのです」。そして彼は、どうしてもこの場所を選ぼうとする行政側の執拗さについての無数の逸話を私たちに聞かせてくれた。環境保護庁（ＥＰＡ）であれ、原子力規制委員会（ＮＲＣ）であれ、すべての関係機関が、貯蔵保管について、コンテナの合金や、地層の隔離、許可できる投棄、などに関する規準を発表した。しかし、ユッカ・マウンテンがそれらの規準に適合しないことが判明すると、なんとその都度、規準の方が修正されたのである。時代は、アメリカの行政に不利に動いた。もともと、一九九八年一月には、廃棄物はエネルギー省に回収されるものとみなされていた。従って、一九九〇年代の半ばから規制が必要であった。一九九二年、科学者団体から見れば、ユッカが安全な貯蔵場所としての規準に合致しないことは明らかだった。「エネルギー省は原子力産業に支えられているんです」と、ブライアン上院議員は断定をさけながらも主張する。「エネルギー省自体がユッカの施設と同じように（政策の）目標なのだと考えるべきでしょう、ちょうど親と子みたいにね」。

私たちが出会った反対派の人々の多くは、この場所にアメリカの放射性廃棄物を貯蔵しようとする一種の不当な動きがあったと説明している。ネヴァダ州には原子力発電所が一つもない。ラスベガスで消費される電力は、一九三〇年代に建設されたフーバー水力発電所のダムから来ている。もしも、ユッカ・マウンテンがアメリカの放射性廃棄物を収容することになれば、ネヴァダ州には、アメリカじゅうから放射性廃棄物の列車が通ってくることになる。「ノー・ウェイ！（絶対だめだ、あり得ない！）」。連邦の連帯にも限界がある。

エネルギー省は、またしても、私たちがその有名な山を訪れることを拒否した。理由は「経費削減で予算がなく」、私たちを案内する人間が誰もいない、ということだった。しかし、幸いにもジュディ・トライケルは勘定に入っていなかった。

一九八七年の候補地選定を受けて、ジュディはネヴァダ州の放射性廃棄物に関するワーキング・グループを結成した。電話で事情を話すと彼女は一瞬の躊躇もなく、私たちをユッカまで連れていってくれることになった。ジュディ・トライケルは、白髪で、声は優しいが、見かけに惑わされてはいけない。上から下まで洗いざらしのジーンズ姿のジュディは、人権と環境問題については筋金入りの活動家で、資金や様々な支持を求めて全州を歩き回り、ミーティング、公聴会、マスコミ監視組織、ワークショップ、講演会、などのすべてに加わっている。額の真ん中まで垂らした前髪、背中の下の方まで届く長いお下げ髪の彼女はやんちゃな少女のように若々しい。彼女は自分の車、ビュイックを運転しながら、十五年にわたる貯蔵施設に対する激しい戦いを、彼女なりの言い方で要約してくれた。「この話はね、トイレのないマンションを建てるようなものなのよ。電力業界は、廃棄物をどこに置くかも考えずに原子力発電所を建設したんだから」。せわしないラスベガスを出て、北西に向かう。どこまでも続くまっすぐな道路が、広大な砂漠のような、無機質で埃っぽい大地を横切っている。ロイヤル・ブルーの空、道路には行き交う車もなく、次のガソリン・スタンドまで一五〇㎞もある。ラジオから眠気を誘うようなアメリカのフォークソングが聞こえてくる。

今から一二〇〇～一三〇〇万年前の火山の噴火の後、地下から出現したこの山稜は、陸上から見れば、注目に値する物は何もない。ユッカ・マウンテンを周辺から区別しているのは、その回りを囲む有刺鉄線だけである。この近くに住んでいるインディアンのショショニ族は、恐ろしい蛇が山の下で眠っていると信じている。そして、蛇は、目を覚ますたびに地面を震わせるのだと。

入口の門には南京錠がかかり、見張り小屋には全く人の影はない。私たちはそれを利用して、その場でジュディのインタビューをすることにした。このプロジェクトに反対するたくさんのグループとの合意のもとに、彼女は、ユッカが選択された時に公開討論会が無かったこと、アメリカ政府の不誠実さ、そして科学者たちの報告書に対する度重なる虚偽について憤りを語る。「当局は、不適合だった場合にはこの場所を候補地からはずすと何度も約束していたのに、一度もそうしなかった。これはＤＡＤ戦略、つまり、まず決定する（decide）のＤ、そして発表する（announce）のＡ、その後は何がなんでも守り通す（defend）のＤ、というわけ。政府は市民に対して正直ではなかった」。ここで、原子力と民主主義の間の、困難な、というより不可能な関係がはっきりしてくる。「住民たちに意見を聞いて、彼らが『それは嫌だ』と答えた時、民主主義は原子力産業に勝つはずです。反対に、原子力産業が彼らの視点を押しつけ、人々の意見を聞かないなら、彼らは民主主義を犠牲にして勝つわけです。いずれの場合も勝者はどちらか一方でしかない」。

鉄格子の前での十五分の質疑応答が終わった頃、一台の警察の車がやってきた。警官たちは、私たちに撮影許可証を見せるように、それができないなら、ここから退散せよと要求する。私たちは、最寄りのガソリン・スタンドまで道をとって返す。

ラスベガスと軍資金

このユッカ貯蔵施設プロジェクトに反対する人たちは、最も正当な技術的、政治的な論拠を入念に準備することもできるが、そのどれひとつをとっても、彼らの貴重な武器、ラスベガスにはかなわない。Sin City、罪の町、歓楽都市、世界の娯楽の首都、その節度のなさ、そしてそのギンギラギンが、ユッカ・マウンテンの南東一〇〇キロばかりのところにある。ここには年に三九〇〇万人が訪れる。二〇〇八年には六五億ドルの収入があったこの町は、このユッカ貯蔵施設プロジェクトに対抗するのに最高の切り札である。

エコロジストにとっては、ラスベガスに三日滞在するというだけで、マゾヒスティックな体験だといえる。もうただただ唖然とするばかりである。言うことは何もない。全てがあまりに過剰なのだ。明かりも照明も多過ぎ、金ぴか過ぎ、あまりに淫売じみて、あまりに色が多すぎて、あまりに日に焼けていて、あまりにうるさくて、あまりに高すぎ、あまりに脂っこくて、あまりに肉食っぽい。長さ六キロの大通りに沿って立ち並ぶ、派手派手しいホテルが、絶え間なくまばゆいネオンのショーを競い合っている。ピラミッド、エッフェル塔、ミニ・ヴェニス、アラブの市場（スーク）……、ベガスは、張り子の町、そして、三〇〇〇ワットのスポットライトの町である。ここでは過剰さが君臨する。それは人間の精神の深奥に快感を与える大人の遊園地である。ここでは、依存症とお祭り騒ぎが競い合い、アルコール混じりの哄笑が忘却の欲望を物語る。プロフェッショナルを自称する名刺が道路で宙にばらまかれ、カジノでは安ウィスキーが大量に飲み干される。朝になると、朝食のビュッフェで、眠るのを忘れたスロット・マシーン中毒の人たちと出会った。彼らは、ポーク・リブやグリルド・ステーキで精をつけて、まるでゾンビのように、再びゲームのテーブルに戻っていく。そんな中で、私たちの関心はといえば放射性廃棄物である……。

市長のオスカー・グッドマンさえ、この町のイメージに似ている。つまり、too much なのだ。元弁護士で、いたずらっ子のような目をした老齢の美男子の彼は、この罪深い町のトップにいきなり任命される前に、裏社会の大物たちをたっぷりと弁護してきた。オスカー・グッドマンは、週に一度の定例記者会見から出てきたところで、私たちに会った。ラスベガスからひとまたぎの所に放射性廃棄物のゴミ捨て場だって？　大笑いする彼は、そんなことはありえないと信じている。「経済的な力」と彼が呼ぶところのものが、そんなことはさせないだろう、というのだ。ユッカは、背筋が寒くなるような問題だ。「人々はここに、楽しみと憂さばらしを求めて来るのですが、どうしてもこの場所を選ばなければならないというわけではありません。何か少しでも問題があれば、彼らは逃げていってしまうでしょう」。さらに、彼によれば、重要な問題、輸送がある。オスカー・グッドマンは、アメリカ全土からやってくるであろう何千という放射性廃棄物の輸送列車が、娯楽産業を壊滅の危機に陥れることを心配する。市長も、ブライアン元上院議員も、あるいはジュディ・トライケルも、同じように予告した。彼らは、最初に走る放射性廃棄物輸送列車の時からレールの上に横たわる用意があると。「マイケル・ジョーダンを知ってますか？　バスケットの選手です。彼は、ある日、フリー・スロー一〇〇回連続に成功するという挑戦を企てたのです。しかし、たった一回のシュートが彼の挑戦を失敗に終わらせてしまった。放射性廃棄物の輸送についても、それと同じです。たった一度でも事故があれば、ラスベガスはおしまいです」。

私たちは、反対派の中に、いわゆる「経済的な力」、すなわち、カジノのオーナーたちを探した。強力ではあるが控えめな彼らは、カメラの前で、私たちの質問に答えることは拒んだ。彼らは、露出しすぎると、連邦国家に対する彼らのもう一つの戦いが犠牲になることを心配しているのである。マネーゲームに対する追加税を防ぐことだ。それでも、彼らのうちの一人は、電話で十分、話をしてくれた。一四カ国に一〇〇以上の施設を有する国際的なホテル・グループ、ダイアモンド・リゾートを経営しているスティーブン・クルーベックは、ユッカの最も手厳しい反対派、ネヴァダ州の民主党議員、ハリー・リード(原注1)への支持を表明するため、彼の妻、シャンタルを通じて、自分のポケットマネーから、一五万ドルも支払った。このプロジェクトへの反対を私たちにうちあけたのは彼一人だった。「町から一五〇キロの所に放射性廃棄物があったら、ラスベガスには誰も来たがらないでしょう。あなたなら自分の家の庭先にそういうものが欲しいですか？　それを生産した州が後の面倒を見るべきです。事故があったらどんなことが起きるか、考えてもみてください。ラスベガスは放射能のゴミ箱になるでしょう。そして、ツーリストは二度と戻ってこないでしょう。しかし、我々自身はこの件に関わりたくない。だからこそ、我々は、ワシントンで、ユッカの施設建設に反対するために闘う人たちを助けてきたのです」。

カジノのボスたちは、しかるべき時に、そして、きわめて目立たないやりかたで、このプロジェクトへの反対を表明できることを知っていた。二〇〇六年から二〇〇八年へかけて、観光業界とカジノは、合計二〇〇万ドル(原注1)を、このプロジェクトに反対する地元グループ、議員たちに支払ってきた。ラスベガスの住人たちは、ジュディのグループのような小さな組織を援助す

原注1：www.campaignmoney.com.

るために五〇〇万ドルを集めた。一九八二年以降、ネヴァダ州は、一億二〇〇〇万ドル以上（うち、二六〇〇万ドルは連邦資金から出ている）を、プロジェクト反対のロビー活動に費やしてきた。反対派グループ、地元の小規模の委員会、財界の有力者たち、議員たちなどが、毎年、二〇〇万から二五〇万ドルを受け取っている。（原注2）

結局、すべての鍵は、金、ではなかろうか？　法律を変えることができなければ、錠前を変えることができる。これがネヴァダ州が選んだ戦略で、民主党上院議員、与党民主党のリーダーで、上院の大蔵大臣、ハリー・リードが適用する戦略である。エネルギー省が申請する助成金を認めるか否かを決めるのは彼である。ハリー・リードは、財布のひもを握っており、大統領のオバマと共に、ユッカの選択に反対するために自由に振る舞える。実際、現在の大統領は、原子力エネルギーを好まず、ユッカの研究所を閉鎖する約束をしている。連邦議会で可決された二〇〇九年の予算法案では、ユッカのインフラ建設のためのエネルギー省の予算額を半減させ、二〇〇八年の七億ドルを三億五〇〇〇万ドルに減らした。かの原子力規制委員会（NRC）の会長であるデイル・クライン自身、「ユッカ・マウンテンが現実のものになるという事はもはや当てにしていない」と、上院で打ち明けている。この件を確認するには二〇一一年まで待たねばならないだろう。エネルギー省長官、スティーブン・チューは、アメリカの廃棄物管理の解決法を考えるための専門家委員会（ブルー・リボン委員会）を設置した。様々な分野からこの委員会に参加する専門家たちは、遅くとも二年の間に結論を報告することになっている。もしもそれが、またもや決定的な解決策でないならば、人工的な昏睡状態になるだろう。二十七年にわたる戦いの後、ユッカ・マウンテンの蛇は静かにまどろむことができそうである。

ネヴァダ州でも、他の場所でも、私たちが出会ったアメリカ人の意見はみな同じだった。要するに、アメリカの廃棄物は、今ある場所、つまり、原発のそばの使用済み燃料貯蔵コンテナ（＝キャスク）にそのまま置いておくのがよい、というのだ。「原子力産業は、今の貯蔵でも、この先六十年はなんの危険もないと考えている。それまでの間に我々が解決方法を見つける時間はたっぷりある」というのがブライアン元上院議員の判断である。六万トンの廃棄物は、三九の州の六六カ所の原発に散らばっている。それについて文句をつける人はほとんどいない。エコロジストたちも、科学者たちも、そして地元住民もみな、それが今のところ唯一のよい選択だと考えている。しかし、アルジュンにとっては、地質学的に安全が保証できる貯蔵場所を見つけることが急務である。「絶対に確かな地中埋蔵というコンセプトが存在するかどうかわかりませんが、私にとっては、それは、一番悪くない解決法です。二十年にわたる作業と研究を

原注１：www.citizen.org. www.opensecrets.org.
原注２：www.campaignmoney.com このサイト上で、ロビイスト、選挙候補者（二〇〇二年から二〇〇八年まで）、上院あるいは連邦議会議員たちに渡った金の流れを容易に再現することができる。

通じて、私は、他のすべての解決法がこれよりよくないことを知っています。できるだけ早く貯蔵場所を見つける必要があります。なぜなら廃棄物は原発にたまり、それが増えれば増えるほど、危険が増すからです」。

エネルギー省が廃棄物を引き受けると約束した相手側の電力会社はいらいらし始めている。実際、電力会社各社は、一九八二年以来、販売電力のkw／時あたり〇・一セントを、廃棄物を引き受けてもらうためにエネルギー省に支払ってきた。間もなく三十年間になるこの支払いで、たまったへそくりは三〇〇億ドル以上になる……。そして、恒久的な解決法は二〇二〇年までのところなんら見えていない。約一一〇億ドルはユッカに呑み込まれた。残りの約二〇〇億ドルは今日まで使われずに残っている。電力会社は、まだ当分の間、自分たちがおのれの廃棄物を背負わなければならないことを知っている。使用済み核燃料の冷却用プールは満杯で、一方、貯蔵用コンテナの増加は地元住民たちを不安にさせる。

たとえ停止はされていても、ユッカ計画はＮＲＣで審査を受けていた。しかし大きな希望は持てなかった。ＮＲＣが、七〇〇〇万ドル以上も必要とするこの審査を続けていたのは、なによりもまず、この契約の破棄を理由に莫大な金額を要求するかもしれない電力会社から、何年かの間、自分を守ろうとする行政側の自衛のためであった。

ユッカの施設ができないとすれば、批判の矢面に立たされるのはアメリカの原子力ルネッサンスである。一九八二年の法律以降、ＮＲＣは、廃棄物についての解決法が見つからない限り、新しい原発の建設を許可できないことになった。言い換えれば、アメリカは、着陸用滑走路が存在しないなら、もう飛行機を離陸させたくないのだ。しかし、法律が邪魔なら、その法律を変えればいいではないか！　ＮＲＣは二〇〇九年夏新しいゲームの規則を発表した。まず、その文章から、二〇二五年という日付を撤回することにした。これは、埋蔵施設が開設されるはずだった日付である。同様に、原子炉施設での（現在のような）暫定的保管を、原子炉の稼働終了後六十年まで認可しなければならない。暫定的解決法がずっと続くのである……。さらに、すべてのシステムをまとめている原子力エネルギー協会（ＮＥＩ）は、これまで長い間、廃棄物に関する恒久的な解決法があろうとなかろうと、新しい原発を建設できるように奮闘してきた。しかし今日では、将来の原発の廃棄物について、電力会社は直接エネルギー省と交渉する。

いずれにせよ、長期の解決策の欠如は、投資家たちにとってネガティブな要素であり、イメージとしても認識としても危険ということになる。そして、もしも、廃棄物管理の解決法がないということが、世界の原子力ルネッサンスを危うくするとすれば？

ユッカのケースは、住民たちに近くの放射性廃棄物のゴミ捨て場を押しつけることの難しさを明白にしている。アージュン・マキジャニは予告する。「こういうものを受け入れさせるための秘策は誰も持っていないと思います。たまに、あまり恵まれていない地域が、事業税や他の税金や雇用の約束や、あれやこれやと引き換えに、合意することがあります。しかし、そういう状況でも、高レベルの放射性廃棄物が支持されたことは一度もありません」。

しかしながら、誰でもがこれと同じ意見であるとは限らない。廃棄物の地中埋蔵が認められた唯一の場所は、スウェーデン、ストックホルムから北へ二〇〇キロの所に存在する。ここは、世界初の放射性廃棄物の永久貯蔵施設の一つである。また、数千年単位の貯蔵センターが、二〇三〇年オープンをめざして、フィンランド、およびフランスで研究されている。ドイツでは、いくつかの放射性小包が、今後は、塩の鉱山に貯蔵される。見たくないものを押し返す人のように、あるいは、カーペットの下に埃を隠そうとする主婦のように、原子力産業は、地中深くへの埋蔵が、現在のところ、もっとも満足すべき解決法だと判断しているのである。

ビュール、法律にもり込まれた選択

ムーズ県とオート・マルヌ県にまたがる緑したたる自然の中、ビュールに、最終放射性廃棄物を収容する予定の施設がある。それは、ユッカのような山ではなく、地下五〇〇メートルの深さに位置する粘土層である。フランスでは、ネヴァダ州のように広大なスペースも、砂漠もない。また、この国の東部では道路は直線ではない。丘を上ったり下ったりが続く細い道をゆくと胸が悪くなりそうだ。ユッカと同じように、ビュールも孤立した土地で、二つの県にまたがり、一km²あたりの人口はやっと七人を数えるだけだ。しかし、ユッカとは違って、ビュールの近くには、プロジェクトを転覆させるラスベガスのような町は一つもない。

ビュールは一つの自治体であり、特に、地中の深地層への廃棄物の埋蔵に関する研究を目的とした、ムーズ／オート・マルヌの地下研究所がある。この地下研究所は、一九七九年に創設された世界唯一の組織、フランス放射性廃棄物管理庁（ANDRA）が使用している。廃棄物は研究所自体が受け入れるわけではないが、やがてこの地域に埋蔵されるであろうことは知られている。すべてが立法府の予定通りに進めば、未来の施設は二〇二五年に、最初の荷物（＝廃棄物）を受け取るはずである。それから、その荷物は、五十年、あるいは七十年の間、ここに積んでおかれる。それから、さらに百年ほどの間、監視される。その後のことは、すべて、私たちの子孫たちが決めることになる。施設は、埋めて閉鎖されるかもしれないし、適当な解決法が開発され次第、この荷物を後で取り出すことを考えて、監視が続けられるかもしれない。研究所自体は、地下五〇〇メートルに掘られた、一続きの細長い回廊である。そこへ行くには頑丈なエレベーターに乗り、たっぷり十分ほど我慢して、やっと地底に到着する。閉所恐怖症の人にはとてもお勧めできない。

私たちは、沈黙の地底の回廊を歩きまわるのだろうと思っていた。ところが実際には、この研究所は、ミツバチの巣箱のようにたくさんの人が働いている騒々しい所で、高性能の精密機器が粘土の密閉能力を測定している。一億五千万年以上の年を経たこの尊敬すべき岩は、私たちの原発の廃棄物を閉じこめる鉱物と自然の殻になるはずだ。従って、この岩に秘密があってはならない。岩の流体力学的な特性、気密性、湿度、放射性核種の移動と分散のモデル化、など、すべてが徹底的に調べられる。地質学者たちによれば、この粘土層は、約六千万年前から安定しているという。

すでに確かなことが一つある。時間の作用がこれらの荷物を破壊するだろうということだ。いずれは、つまり、数千年の間には、放射性物質はこの粘土層の中に分散していくだろう。これら最終廃棄物は、私たちも知っている通り、すべての中で最も危険なものである。放射能の九五％が集中している。熱を発し、数十万年、あるいは、数百万年もの間、危険である。放射性元素の中には、核分裂の産物、例えば、セシウム１３７があるが、この物質の半減期は三十年であり、一方、セシウム１３５の半減期は二百三十万年であり、テクネチウム９９は二十一万年、ヨウ素１２９は一千六百万年であり、あるいは、私たちが小アクチノイド les actinides mineurs と呼ぶ、アメリシウム２４１（四百三十年）、ネプツニウム２３７（二百十万年）などがある。いずれも、想像もしにくい、めまいのするような数字である。この粘土層は安定して、防水性があって、緻密なだけに、人間の監視の代わりになるはずである。科学者たちは、現在、この地層が数百年間、これらの放射性元素を「固定し」、拡散するのを防ぐ能力に取り組んでいる。

大理石のように冷たい法律

放射性廃棄物の管理について、フランスでは十五年以上前から論争中である。市民社会、科学者団体、そして政治的責任者たちが、コンセンサスづくりを試みている。二〇〇五年には公開討論会も組織されたが、参加者は少なかった。六カ月の間で約二〇回の集会を通じて、やっと三〇〇〇人のフランス人が参加しただけだった。フランスで最初に制定された法律は、一九九一年に国会でこの法律を擁護した社会党議員の名前をとって、バタイユ法と名付けられた。ANDRAが地下研究所を設置する場所を選定する困難さから生まれたこの法律は、以下にあげる研究の三つの軸と、そして特に、十五年かけてそれらを確認することを決めている。

1. 分離―転換

これは、マルクールのCEA（原子力庁）研究所で研究中の、放射性元素の毒性を減らす方法である。廃棄物の有害性を減少させるために、最も毒性の高い要素（放射性元素）を分離し、それをもっと放射性の弱い、あるいは寿命のもっと短い、従って、人間と環境から長期に渡って隔離しやすい放射性元素に変えることである。このプロセスは複雑で、現在進められている研究は、少なくとも二〇五〇年前には完結しないだろう。

2. 深地層埋設処理

研究によって、高レベルで寿命の長い放射性廃棄物を最も安全な条件で貯蔵できる能力が岩にあることを証明しなければならない。この確実な密閉システムは、複数の基準に合致しなければならない。廃棄物への水の侵入を防ぐこと、人間の侵入を防ぐこと、地震などのリスクに耐えられるくらい頑丈であること、粘土質の殻が衰弱した場合に十分備えられること、監視できる可能性があること、である。この証明は、私たちが見てきたように、ビュールの地下研究所で得られた実験結果に基づいている。この研究所は、岩を自然な環境で調査し、力学、化学、水理地質学、熱学の面からみて資格を与える。認可を得るために必要なすべての要素は二〇一五年までに集められなければならない。

3. 毒性の弱い種類に属する廃棄物の包装と地上での長期保管に関する調査
埋蔵と違って、保管は暫定的な、待つ間の解決法で、廃棄物を、数十年から百年ほどの間、安全に置いておくことを可能にするもので、テクノロジーの大きな飛躍を視野にいれている……。

というわけで、二〇〇六年六月二十八日、新しい法律は、これらの研究の三つの軸を承認し、その達成の期限を明確にした。二〇〇六年、議員たちは、放射性廃棄物に関するこの法令を可決したとき、この科学的な選択とスケジュールを法律上有効と認めたのである。

レジスタンス

一九九四年にＡＮＤＲＡが初期の地質調査を始めると、反対派が立ち上がった。しかし、ビユールの運命はもう決まっているらしい。立法府の予定では、二〇二五年に研究所の近くに施設をオープンすることが決まっている。

ビュールの現地には二〇〇四年から、「原子力のゴミ捨て場に抵抗する家」を名乗る、BZL、Bure Zone Libre（ビュール自由地帯）がある。熱心な活動家たちが集まって、古い農家を少しずつ修理して作った家で、様々な団体の集結地点になると共に、地元の活動のための兵站基地になっている。ここでは、ピクニックや、夏のお祭り集会が開かれ、最後はデモで終わる。BZLは、市民の不服従の研修を受け入れ、ここで人々は、ANDRAの研究所の鉄格子の前で平和的なシット・イン（座り込み）の準備や、プレス・コミュニケの編集や、さらに、放射性廃棄物の輸送列車を遅らせたりすることを学ぶ。私たちが行った時、その場にいた人たちが大皿にパスタを料理してくれて、その後で、彼らの作業場、菜園、庭の奥の水のないトイレに案内してくれた。反対運動は原子力反対派活動家たちだけのものではない。地元議員たちは研究所の設置に反対して、ムーズおよびオート・マルヌ議員委員会をつくり、彼らのやり方で抵抗している。十五年ほど前から彼らは、自分たちにできるあらゆる法的、民主的手段によって反対してきた。例えば二〇〇七年、彼らはこの問題について地元で住民投票をするよう、ムーズ県とオート・マルヌ県の二つの県議会を説得するために、五万人の署名を集めた。しかし、それだけでは十分ではなかった。地域の自治体は、この問題は国家規模のものであり、この地方の住民だけの問題ではない、と考えた。よろしい！　それなら、国全体の国民投票にしよう、と、埋蔵センターに反対の議員たちは叫んでいる。

クベルピュイの村長、フランシス・ルグランもその一人である。気取らない、穏やかな人物で、小さな鐘ととても小さな村役場がある、絵はがきに出てくるような村の村民会館で我々を迎えた。彼は、小さないかめしい机の後ろで、重々しい声で、困惑を打ち明けた。放射性廃棄物を先祖代々の土地に埋める？　そんなことは彼には想像もできない。「私は農民で、地面を耕しています。その土地を裂いて、そこに有毒なゴミを、何百万年も埋めておくと説明されても、そんなことはとても理解できません」。

反対運動は、全国レベルでは地味ではあるが、弱まってはいない。二〇〇八年以降はむしろ強固になった。なぜなら、ＡＮＤＲＡが、寿命の長い低レベルの放射性廃棄物を保管するための追加施設の場所を探し始めたからだ。これらの廃棄物は、ラジウム産業から、そして、黒鉛ガス系の第一世代原子炉から出てくるもので、高レベルの放射性廃棄物よりは危険は少ないが、その寿命はとても長い。「寿命がとても長い放射性元素である炭素１４と塩素３６が存在するため、その放射能の作用が百分の一以下に減少するのは十万年後である」と、放射性物質および廃棄物に関する国の調査報告書は書いている。

この種の廃棄物については、ＡＮＤＲＡは、地下一五〇メートルほどの、浅い地層での保管施設について調査している。二〇〇九年六月、ＡＮＤＲＡは、可能性のある候補地を募って、予めオクソンとパル・レ・シャヴァンジュという、オーブ県にある二つの自治体を選んだ。しかし、住民たちの強力な反対で、議員たちは立候補を取り下げざるをえなかった。ＡＮＤＲＡは今でも新しい候補地を探している。ＡＮＤＲＡに打診された自治体がどこであれ、二〇一一年には勝者を決めるために公開討論会が組織されるだろう……

ユッカと同じように、ここでも金が説得を助ける、しかし、別の方向にである。「金は良心を買うのに役立つ」と、バー・ル・デュックで会った地元の団体、ビュール・ストップ（Bure-Stop）のコーディネーターの一人、ミシェル・マリーは私たちに打ち明ける。ＡＮＤＲＡは土地の委員会を通じて、大勢の人を満足させようと骨を折る。農作コンクール、サン・ニコラの行列、宝くじ、競馬や馬上槍試合といったたくさんの小さなイベントを後援し、また貢献する……。ＡＮＤＲＡはまた、学校の教材や、トロフィーの購入にも参加し、地域の文化遺産の保護、ステンドグラスや彫像の修復や維持にも参加する。そうした寄付金は毎年、五万ユーロを超える。小さなことでも合わせれば大きい。

フランシス・ルグラン自身もその恩恵を受けている。彼がではなく、彼の村の住民たちがである。彼が核廃棄物のゴミ捨て場の上を歩きたくないとしても、彼の村は、ＡＮＤＲＡが賠償金の名目で支払う住民一人当たり四〇〇ユーロを受け取る。村全体にすれば、三万六〇〇〇ユーロである。これだけあれば二棟の低所得者住宅を建て直すことができる。「我々の村には収入がないのです。この金は、法律が私に贈ってくれるものです」。

実際、一九九一年には、「各研究所の設置と活動を助け、容易にするような付随活動の実行と施設の管理の実行をめざして」、公益団体の設置が法で制定された。その目的は、高レベル放射性廃棄物管理に関する研究に関わる地域に対する、国からの謝意を強調することである。ある意味、犠牲の代償である。二〇〇六年の法律では、経済的援護の総額は一県につき、年二〇〇〇万ユーロを超え、合計で四〇〇〇万ユーロになった。

この金は、産業省が、ＥＤＦ、アレバ、ＣＥＡから徴収する。高レベルで寿命の長い放射性廃棄物の管理に関する研究、つまり、地下研究所の資金は、「汚染したものが払う」という方針の名のもと、廃棄物の生産者によって支払われるのである。ＡＮＤＲＡは、貯蔵と施設開設の実現可能性についての調査にかかるコストの合計は一五〇億ユーロと見積もっている。

毎年の払い込み額の半分は研究費用にあてられ、残りの半分は、「再開発プロジェクト」、いわば、道路、学校、養老院など、地方に役立つ全てといってよいものにあてられる。「住民すべてが恩恵を受けています」と、ムーズ地域圏会議議長、クリスチャン・ナミは明言する。芸術愛好家で、ちょっと芝居がかったこのお偉方は、自作の絵がいっぱい飾られた日当たりのよい明るいオフィスで私たちを迎えた。彼はこの金を受け取ることになんら気おくれは感じていないと言う。「この天の恵みを有り難く受け取るべきです。第一次世界大戦以後、この地域はずっと元気がなかったのですから」。それが今では核廃棄物の金でたっぷりと潤っているのだ。原子力産業が約束する直接および間接の雇用を数に入れずにである。二〇〇八年一月、ムーズ／

オート・マルヌ研究所は、一六〇人を雇用したが、その三分の一は地域住民である。

二〇〇九年六月、スウェーデンはやっと、どこの施設が、放射性廃棄物の荷物を地下五〇〇メートルに受け入れるのかを決定した。フォルスマルク原発があるストックホルムの北の、エストハンマルである。スウェーデンの核燃料・廃棄物管理会社（ＳＫＢ）によって、二〇一六年に工事開始、二〇二二年から二〇二四年の間に完成の予定である。同社は十万年の期限で分析を行なっている。一九八〇年の国民投票で、スウェーデン国民は、原子炉の数を一二基に制限することを決めていた。現在は一〇基あり、三カ所の原発に分散している。スウェーデンの原子力反対派は、年々、徐々に、減少していた。スウェーデンの日刊紙、『スヴェンスカ・ダーグブラーデット Svenska Dagbladet』によれば、有権者たちはこの問題にさほど関心を持っていないという。スウェーデンで生産される電気の約五〇％は原子力を源としている。

専門家たちによれば、エストハンマルの深地層埋蔵プロジェクトは、世界でも最もよく受け入れられた一例である。アメリカの専門家、アージュン・マキジャニは、彼が調査した中で最も良いプログラムはまさにこのスウェーデンのプロジェクトだったと評価する。「これが国民によく受け入れられたのには二つの理由があります。一つは、地質学的調査が、他の場所よりもしっかり行なわれたことです。もう一つは、スウェーデン当局が国民に、新しい原発はもう建設しないと約束したことです。原発を止めるならば、廃棄物を受け入れることができます。

その場合、そしてそれに限って、国民は、出口を漠然と予見し、一番悪くない解決策を受け入れたのです」。しかしこれは空約束である。二〇〇九年二月、四つの政党からなるスウェーデンの連立内閣は、新たな原発建設の禁止を解除することに合意した。

以上のように、二十一世紀に私たちができる最新の解決策とは、地下四九〇メートルの地中埋蔵に他ならない。ＡＮＤＲＡの広報責任者、マルク＝アントワーヌ・マルタンは、地下の回廊を私たちと一緒に歩きながら、至極もっとな言葉で語った。「地中埋蔵の原則は、たとえ地上で何が起ころうとも地中深い所では安定していることが条件です」。未来の何世紀にわたって、何千年、いや、何百年にわたって何が起きようと……。貯蔵施設は、最後の荷物（廃棄物）が入れられる予定の二一一五年まで、一世紀の間使用される。二〇一二年に制定される予定の法令によれば、この施設は、潜在的可逆性（後で取り出す可能性）の枠内で、さらに一世紀か二世紀の間、監視が続けられ、その後、最終的に封印される。監視はさらに五世紀の間、二六〇〇年まで続けられる。「その後は、場所の記憶が失われる危険があります。ですから、人間の記憶がなくても安全な貯蔵でなければなりません」と、ビュール研究所科学部門の感じのよい責任者、ジャック・ドレイは私たちに説明し、こう付け加える「地質学的時間を信用しなければなりません」。現在のところ、放射性廃棄物の荷物の管理には、地質学が最も有力なテクノロジーであるらしい。

いずれにせよ、法律は、貯蔵が百年間は続く可逆性を考慮に入れなければならないとしている。放射性廃棄物の除去について、可逆性の問題は古くからある。一九五〇年代、専門家たちは、廃棄物を海に捨てるか、地上で貯蔵にするか、選択を迫られていたが、中には当時すでに、海洋投棄について不可逆的性格があると非難する人々もいた。ある面、可逆性の原則を保持している地面での密閉が選ばれたのは、この海洋投棄の不可逆性を拒否するためかもしれない。

貯蔵の可逆性という概念は、フランスでは、国会議員たちがこの概念を導入した一九九一年十二月三十日の法令以来、実際に表現されている。これと一貫して、二〇〇六年六月二十八日の法令では、深地層貯蔵は可逆性の原則(訳注)を尊重し計画することを強いている。可逆性の期限は百年以下であってはならない。とはいえ、この可逆性の条件については、ANDRAが深地層貯蔵センターの創設の申請書類を提出（二〇一四年末）した後の、新しい法令の枠内で決定されるであろう。

実際、人文科学の専門家たちは、いつの日か、私たちの遠い子孫が、この廃棄物の荷物を取り戻して利用するとか、あるいは、もっと確実な方法で除去したいと望んだ時のことを考えて、未来の世代に選択を任せた方がいいと考えている。ということはつまり、今後一世紀の間には、最終的解決法は見込めないということである。この社会的な要求は、科学者たちの仕事を複雑にする。結局、地下の回廊を永遠に封印してしまうほうがずっと簡単だ。この時間の尺度では、私たちの社会の安定性は、避けて通ることも、先回りすることもできない大きな不確定要素である。それだからこそ、科学者たちは、深地層帯での埋蔵が、社会の記憶がたとえ失われても取り繕うことのできる解決法だと考えるのである。疑問の余地はない。二十一万年の時間がたった時、たとえ人間社会がまだ存在していたとしても、それは今とは完全に違っているだろう。

訳注：可逆性の原則　将来において主として技術的進歩により、最終廃棄物の有効利用、あるいはもっと安全な処理が可能になった時に、一旦埋蔵した廃棄物を取り出す可能性を考慮すること。

問題の原子力ルネッサンス

「原子力の再スタート」、「アトムのルネッサンス」……　メディアでは間違いなく、これで一件落着、の感がある。豊富にあって、CO_2の排出が少なく、コストが低く、集中化できるエネルギーの探求は、原子力を再び軌道に乗せた。二〇〇〇年代初め以降、なにものも、新しい原発の建設を止められないかのようだ。にもかかわらず、実際には、一連の大きな困難がこの力強いカムバックの前にたちはだかっている。国際的金融機関の信用不足、天然ガスおよび再生可能エネルギーによる、より柔軟なシステムとの熾烈な競争、資格を持つ人材の不足、産業界での大きな権威喪失と深刻な障害である。

原子炉は高くつく。二〇〇七年以来の金融危機は原子力への情熱をいくぶん冷え込ませることにつながった。もう一度言おう、アメリカのプラグマティズムは、進むべき道を示しているのかもしれない。アメリカでは、原子炉の建設と使用のコストは、ウォール・ストリートだけでなく、保険業界や政治家たちをも同じくらい震え上がらせる。彼らは、資金的にも環境的にも最小のリスクで、将来の気候を改善することを要求されるからである。ヴァーモントのエネルギー環境センターのエコノミスト、マーク・クーパーは、二〇〇九年六月に、調査結果を発表し(原注1)、その中で、原子力工場の予想コストが、二〇〇〇年代初めのいわゆる原子力ルネッサンス以降、すでに四倍になっていることを明らかにしている。その調査によれば、一〇〇基の原子炉によって産出された電気は、再生可能エネルギーとエネルギー効率計画を組み合わせて産出された場合の電力よりも四倍も高価であるという。

この調査は現在、世界の原子力の合戦場で行なわれていることを理解するために、過去に遡ることを、私たちに提案する。調査はアメリカ人が「グレート・ワゴン・マーケット」とあだ名をつけたというエピソードに言及している。つまり、一九六三年から一九七三年の間にフルスピードで繰り広げられた「進行中の列車の市場」である。一九六〇年代の末、そして一九七〇年代の初めに、エネルギーの専門家たちは、原子力が世界のエネルギー消費の半分を産出することになると予想した。一九六三年には、まだ一握りの工場しか稼働しておらず、そのほと

原注1:Mark Cooper. L'Économie des réacteurs, www.vermont-law.edu/Academics/Environmental Law Center/Institutes and Initiatives.htm.

んどはアメリカ原子力当局からのかなりの補助金を受けていた。こうした助成を受けて、大きな電力供給会社がそろってアトムの列車に乗り込み、一九六七年には七五基の原子炉がネットワークにつながった。注文は相次ぎ、原発が地中からキノコのように出てきた。しかし、一九七三年、石油ショックの最中に、アメリカの行政機関は、電力会社はもう公的資金を頼る必要はないと考えた。そこで、電力各社は注文をキャンセルし始めた。一九七九年に突発したスリーマイル島の事故は、この列車を唐突に脱線させた。蒸気タービンの水を供給するポンプのありふれた保守作業の折の一連の人的ミスと技術的な不備が、環境への放射能の降下をもたらした。以来、アメリカでは新しい原子炉はひとつも作られていない。クーパーのレポートによれば、「グレート・ワゴン・マーケット」の終わり頃に注文された原子炉は、初期に建設された原子炉の七倍の値段であることがわかる。そして、三十年の高速回転の後、二〇〇六年には、原子力は世界の電力の一六％を供給するようになったが、石炭、水力、ガスには遠く及ばない。世界のエネルギー消費量からみればたった六％しか供給していない。

マーク・クーパーは断言する。「我々は文字通り歴史を繰り返している途中なのだ。二〇〇〇年初め以来、原発プロジェクトの予想価格は四倍になったが、それは商業的理由から過小評価されてきた」。一九六〇年から一九七〇年代とは違って、現在の金融分析は、より含みのあるものになっている。二〇〇九年六月、信用格付け会社、ムーディーズ・インベスターズ・サービスは、慎重に原発の建設計画を調べて、こう評価した。「コストが常に上昇し続ける従来のテクノロジーに対して、再生可能エネルギーが将来その競争力を高める余地は十分にある」。ウォール・ストリートでは、専門家たちははっきり言う。連邦政府からの多額の助成金がなければ、新しい原子炉の数がふえることはないと。

二〇〇〇年代の初め、再スタートの真っ最中、ブッシュ政権は、新しい原子炉建設を望む電力会社に対して、連邦政府が一〇〇％保証する貸し付け金を許可することを受け入れた。「通常は投資者に課せられるリスクを、納税者や電力会社の利用者が負担するという条件でのみ、新しい原子炉の建設ができる」と原子力規制委員会（ＮＲＣ）の元メンバー、ピーター・ブラッドフォードは説明する。しかし、十分成熟しているとみなされる産業が公的助成金に訴えることは、アメリカ経済にとって大切な企業活動の自由という原則に反する。リスクは現実的である。コストの超過、注文の取り消し、不完全な活用、もっと金のかからない、あるいは危険でないエネルギーの開発、などである。

「もしも、金融リスクが、保証された貸し付けの形で納税者たちに課せられるなら、それは私たちの赤字を増大させ、連邦の融資を必要とする借り手の長いリストはさらに長くなるだろう。あるいは、もしも金融リスクが、保証された料金を通じて消費者に課されるならば、それは経済的困難と雇用の喪失をもたらすだろう」。特に、巨額の公的助成金に頼ることがどんな形をとるにせよ、請求書の金額にはなんら変化はない。「つまり、経済的リスクを消費者に転化するのと同じことだ」というのが、エコノミスト、マーク・クーパーの意見である。

世界の金融危機は、原子力産業の途方もない野望をぴたりと止めるかもしれない。アメリカでは四つの車輪にブレーキがかかり、すでに注文の取り消しが相次いでいる。二〇〇九年の春、この分野の専門家たちが、雑誌『フォーチュン』が主催するグリーン・コンフェランスに集まり、この先十年の間に日の目を見る原発は、多くても三基だろうとつぶやいた。たとえ二七のプロジェクトが原子力規制委員会によって審査されていても、二つの電気会社は早くも今から断念している。二〇〇九年四月、電力会社、アメレンUE（Ameren UE）は、ミズーリ州でのEPRプロジェクトについてタオルを投げ、電気会社、エクセロン（Exelon）は、テキサス州で計画していた二つのユニットを取り消した。二〇〇八年末、金融の嵐のまっただ中で、南アフリカ政府は購入すると約束したはずの二基のEPRを断念した。二〇〇九年、日本は、一カ所の建設の開始を遅らせた。カナダのオンタリオ州では、二基の原子炉がダーリントンの施設に建つはずだったが、このプロジェクトに必要な二六〇億ドルが政府を尻込みさせた。二〇〇九年夏、ロシアは不況を理由に、建設計画を一年に二基から一基に減らし、ペースを落とすと発表した。私たちがハンフォードで会ったボブ・アルバレスは、ルネッサンスが再び生まれるという意味であることから、これを「死産の」赤ん坊と呼ぶことを躊躇しない。

いずれにせよ、原子力ルネッサンスは世界中で大きな話題になった。マスメディア、政府、エコロジストたちは原子力産業の再スタートの可能性に並々ならぬ関心を寄せた。しかしながら、状況は流動的であり、定まった図を描くことは難しい。いくつかのプロジェクトが中断される一方で、通信社は新しい原発の発表にキリキリ舞している。ベルギーとスウェーデンは、自国の原発の寿命を延長、さらに、新しいユニットを設置する予定である。ポーランドは、二〇二〇年までに一つの原発を導入する予定である。イギリスは四基の新しい原子炉を予定し、日本は二基を計画している。そしてさらに、石油でいっぱいの中東も、このテクノロジーにおおいに興味を持っているのだ。アブダビは、約半ダースの原子炉のためにいくつもの入札募集を開始した。これは四〇〇億ドルの契約で、同国のエネルギーの二五％を原子力にするためである。工事開始は二〇一七年を予定している。イタリアは、チェルノブイリの直後の国民投票で可決された二十二年におよぶモラトリアムに背を向ける。しかし、シルヴィオ・ベルルスコーニは、イタリア国民の選択を無視して、八基を下らない原子炉を想定していた……。リビアが、海水の塩を抜くためのフランスのテクノロジーを入手したがっていることも忘れてはいけない。サルコジ大統領は、公式訪問のたびに大急ぎで原子炉の販売を発表するが、いずれの契約も、調印はされておらず、ただ「合意の覚え書」、あるいは「協力の合意」に留まり、契約としての価値は持たないのである。

一方、世界の原子力の胸のときめきはアジアにあることは疑いもない。インドと中国のエネルギー的貪欲さにはほとんど限りがないからだ。北京政府は、これから二〇二〇年までに、原子力エネルギーの割合を、一一ギガワットから八六ギガワットに増やす計画である。この国は一一基の原子炉を有し、現在一五基を建設中で、うち二基がフランス製である。世界原子力協会[原注1]の表によれば、今後数十年のうちに、中国の電力ネットワークは三五基の原子炉を追加する予定で、二〇五〇年までには八〇基になるはずである。また、インドは、現在五基の原子炉を建設中である。[訳注]

製造会社（メーカー）と電力会社だけが投資リスクを負わなければならないアメリカと違って、フランスでは、原子力産業は経済競争につきもののリスクを負うこともなく、競争することもなく、世界金融の混乱にも動じることがない。フランスの大統領府が、二つ目のEPRが必要だと決めれば、国は、その請求書の最終的金額がいくらになろうと、建設に必要な資金を放出する。EDFは公的企業であり、アレバの資本は七八・九六％が、フランス原子力・代替エネルギー庁（CEA）の掌中にあり、CEA自体が工業と商業に関する公的機関（EPIC）である

OECDに属する原子力機関（NEA）によれば、原子力エネルギーが気候の変動に明確な影響力を持つためには、世界中で一年につき一二基の原子炉を建設しなければならないという。しかし現在のところ、どうしても廃炉にしなければならない原子炉を取り替えるためのものすら十分建設されていない。現在、四七基が世界中で建設中で、この先の十年間で、一三三基が予定されている。この分野のアナリストたちは、これから二〇五〇年までに追加されるであろ

う原子力の数として、二〇〇基、いや、それどころか、五〇〇から一〇〇〇基を言及することを躊躇しない。一基五〇億ドルという大金は、この分野の企業のポケットをずっしりと重くするに違いない。ロシアの会社、ロスアトム、一部東芝に属しているウェスティングハウス、三菱ニュークリア・エナジー・システムズ、そして、日立とジェネラル・エレクトリックのジョ

原注1：www.world-nuclear.org/info/reactors.html.

訳注：フクシマ後の世界の原発政策

二〇一一年三月十一日の福島第一発電所事故以後、世界各国の原発政策が見直されている。背景となる政治、経済の状況が異なる各国で、原発政策を決定するのは「需要」という経済要因だとされる中で、ヨーロッパでは脱原発への舵を切る国が相次いでいる。ドイツはフクシマの直後に「脱原発」を決め、国内一七基のうち約半数の八基を停止、二〇二二年までに全原発を廃止する方針を決めた。イタリアではベルルスコーニ政権の原発建設再開方針が国民投票で否決された。スイスは二〇三四年までに脱原発とすることを決定。スウェーデンは国民投票により原発新設禁止と段階的廃止を決定。一方、全発電量の約八〇％を原発に依存している世界一の原発大国フランスは原発推進の政策を堅持すると発表。イギリスも同様である。また、原子炉の数（一〇四基）や原発による発電量では世界一のアメリカも原子力推進の方針に変わりはなく、一九七八年のスリーマイル島原発事故以来凍結してきた原発建設を三十四年ぶりに再開に踏み切り、新たに四基の建設計画が進められている。ロシアは積極的に原発を拡大する方針を表明している。電力需要が急激に増大している中国、インドでは積極的な原発推進政策をとっており、中国では現在原子炉一三基が稼働中で、二六基が建設中、または計画中である。世界有数の産油国、クエートはフクシマ後、安全性を理由に原発建設を断念した。IAEAによれば、ベトナム、トルコなど少なくとも五カ国が二〇一二年に新たに原発建設に着手する見通しで、二〇一三年にはヨルダンとサウジアラビアがこれに続く可能性があり、また、福島第一原発事故後も、世界の原子炉稼働数は現在の四三二基から二〇三〇年までに約九〇～三五〇基増加するとの見通しを示している。

イント・ベンチャーのポケットを。契約書に署名する最前列にいながら、アレバは苦労している。二〇〇八年の同社の利益は、一八〇億ドル以上の収入に対してやっと八億二四〇〇万ドルで、二〇〇七年の利益と比較して一七％も落ち込んでいる。フィンランドの、バルト海沿岸、オルキルオトのＥＰＲの建設の失敗のせいである。最近のニュースによれば、工事は二〇〇五年末に着手されて以来三十八カ月の遅れと、少なくとも二五億ユーロの追加費用を計上している……。これについてフィンランドはもちろんフランスに請求するつもりでいる。フラマンヴィルのフランスのＥＰＲも同じ道を辿っている。二〇〇七年末に始められたこの施設は、失望と落胆を積み重ね、最初の請求書（二〇〇六年の発表では三〇億ユーロ）を一五億ユーロ以上超過している。

こうしたすべてのことは、この分野の専門家たちにはなんら驚くべきことではない。世界中で建設中の四七基の原子炉のうち、二二基は納入が遅れ、その分、請求額が高くなり、九基はいまだに許可を取得できていない。(原注1) 経済危機のためにただでさえエネルギー需要が落ちこんでいるところへ、大きな追加費用のもとになるこうした制約が加わるとき、電気会社や政府は署名する前に慎重にならざるをえない。

問題は人間？

原子力はどこでも人気がある。大統領のスピーチでも、大新聞の一面でも、気候とエネルギーのサミットでも。二〇〇〇年初め以来、地球全体が原子力エネルギーの方を向き、その再スタートを祝っているように見えるとしても、原子力エネルギーには、それについて語る人がほとんどいない要素がある。アトムを再スタートさせる政治的意志があるとするなら、それに関わる人間たちの方はどうなのだろうか？　近い将来、世界中に建設が発表されている数百の原発を運転する人間の数は十分なのか？　これは確かではない。

二〇〇〇年代初め、原発会社はこの問題について真剣に動き始めた。この問題は世界規模といってよく、ＯＥＣＤの原子力機関（ＡＥＮ）がこの問題について見事なレポートを作成したほどである。それによれば「原子力の科学、技術の専門家の数は、今日（二〇〇〇年）のところ、いくつかの国々では十分であるかもしれないが、数々の指数から、将来的な能力は脅かされていると考えざるをえない。例えば、大学で専攻する学生数の減少、この産業に従事する人員の質の変化、大学での教育内容の希釈化、予定されているかなりの数の定年退職者、などである。これらの指数に対して、公的権力、産業、大学が何も対策を講じないならば、将来の原子力の選択は論外なのではないかと心配される(原注2)」。

このシステムは今、重大な局面にある。予定されているその再スタートには、かなりの人的

原注１：www.greens-efa.org/cms/topics/dokbin/213/213706.pdf

原注２：《Enseignement et formation dans le domaine nucléaire: faut-t-il s'inquiéter?》2000. www.nea.fr. 原子力分野における教育と人材養成：心配する必要があるのか？

予備軍を確保しなければならない。必要なのは、原子炉を設計し、建設し、原発を動かし、安全を確保し、管理し、さらに、おそらくいつの日か、それを解体する人間たちである。フランスでも必要だし、大声でアトムの再スタートを発表している全ての場所で必要である。

しかしながら、世界で原子力労働力がどのくらい必要なのか、正確に知ることは不可能である。とはいえ、ある数字が流布している。一ギガワットの電気の生産ごとに、原子炉を動かすためだけで、五〇〇人が必要だという。最も楽観的なシナリオでは、今から二〇三〇年までに、追加の一〇〇〇ギガワットの生産（つまり、原子炉一〇〇〇基！）を当て込んでいる。だとすれば、それまでに五〇万人以上を養成しなければならないが、その中にはインフラの全くない国々も含まれるのである！　一人の技術工の養成に三年、技師に六年の養成期間が必要だとすれば、養成機関は今すぐにも実戦に入らなければならない。原子力からの段階的脱出の場合も、やはりこの問題は生じる。最大の困難は、衰退する活動という文脈の中で、技術工や技師の必要に応じて、十分な数の若者たちを惹きつけて、養成機関に集めることができるかどうかである。

多くの人々は、民生用原子力産業が絶頂期にあった一九八〇年代のシナリオの再演を望むだろう、それから三十年たって、状況は変わった。原子力産業も、原子力施設も、かつてとは劇的に異なる産業環境の中で、いくつもの挑戦に立ち向かっている。今日、この分野では、過去の推定額よりはるかに高額の、廃棄物の管理と廃炉解体の費用を引き受けなければならず、天然ガスや、かなり現代化された石炭の分野、さらには、再生可能エネルギーという新しい候補者との競争にも立ち向かわなければならない。結局、この産業は、急激な能力の喪失と生産インフラの不在にも立ち向かわなければならないのである。

フランスの原子力発電所を建設し、運転してきた世代の人々は、早晩、別れの挨拶をして去ってゆく。現在、このグループ（アレバ）には世界に一六万人の従業員がおり、そのうちの一〇万六〇〇〇人はフランスにいる。「年齢ピラミッドのために、技師と技術工の、約四〇％にのぼる人数が、二〇〇七年から二〇一五年の間に退職します。これは三万人から四万人の従業員数に相当し、うち、技術工と技師が四〇％です。大変な人数です」と、ＥＤＦの人事責任者、ローラン・ストリケールは明言する。熟練従業員を取り替える業務の責任者である。そのためには、毎年、原子力技師五〇〇人、技術工五〇〇人、そして様々な分野から一〇〇人ほどの研究者を募集しているが。二〇〇七年、フランスの教育制度は原子力分野の専門家である技師を、年間で三〇〇人供給しただけだが、一方、この分野での年間必要人数（生産、設計、安全、管理）は年間一二〇〇人である。

アレバでは、公式にはこの緊迫した募集状況はぼかされている。「技師を見つけるのに心配などしていません」と、同グループの国内人事のジェローム・エメリは、『リベラシオン』紙のインタビューで言っている。「候補者がいないために埋められないポストなどありません。困難なく雇用ができます」。技師はそうかもしれない、しかし、ボイラー製造工、溶接工など、土木作業に属する様々な職業についてはどうだろうか？　原子力のスタッフの六〇％は技師で、四〇%は技術工である。ローラン・テュルパンは、サクレ台地に設立された権威ある国立原子力科学技術研究所（INSTN＝Institut National des sciences et techniques nucléaires）の所長である。INSTNは、最高レベルのフランス原子力の技師を養成している。原子炉やボイラーの中で働く人々である。彼によれば、現在設定されている通りに原子炉を運転させるためには、年に一〇〇人の学生で十分である。「問題はむしろ土木分野で、ボイラー製造工、工業建築家、プロジェクト・エンジニア、インテリア・デザイナーなどです。現在の募集のしかたを見ていると、機械を運転・操作する人たちがまるで原発施設の増加という論理に入っていないかのようだ。彼らにとってむしろ問題なのは年齢ピラミッドの管理らしい。内部調査の結論から、募集の大まかな数字がはじき出されるが、そういう数字は緊急の問題にしか応えられない。原発の維持と運転という問題は存在し続ける」。

原子力に関しては、長期的視野が、他のどんな分野におけるよりも重要である。しかし、私たちの時代は、その未来に不安なまなざしを向ける。「たとえ長期的視野を持つ習慣があっても、二〇一一年に何人募集しなければならないかを今の時点で言うことは難しい。二〇〇五年以前は、年に六〇〇〇人募集していたが、二〇〇八年には一万五〇〇〇人になった」と、ジェローム・エメリは言う。人員が不足した場合、いったい誰が、今ある原発を運転させるのだろう？　また、いったい誰が、将来の人員を養成するのだろう？

企業側は、技師養成学校の卒業生を雇用したがる。的を絞った、即戦力となる教育が彼らを安心させるからだ。ただし、技師養成学校だけでは、もはや必要な人数を提供できなくなっている。そこで、募集する側は大学にも目を向ける。未来のエンジニアの養成については大学が劣っている、というわけではないのだが、大学は原子物理学の王道とは考えられていないのである。必要な数の人数を確保するという問題の他に、企業は、新入社員たちの質を監視しなければならない。アレバは、募集人員が三〜四倍にふえれば、彼らを熟練させることはそれだけ難しくなるとほのめかす。

ＥＤＦ、アレバ、そして原子力分野の立役者たち全員が、技師養成学校に対して、この主要エネルギー（つまり原子力）に関する新しい選択を、つまり、新しい専門課程の創設を働きかける。そして、ＩＮＳＴＳに対しては、養成する学生の数を大幅に増やすよう要請する。この動きにはフランス国家すら救援にかけつける。二〇〇八年四月、高等教育・研究担当相、ヴァレリー・ペカレスは、すべての大学の学長と技師養成学校に対して、数年間で専門資格を有する人員の総数を三〇〇人から一二〇〇人にふやすよう、命令を下した。ＥＵ委員会もまた、原子力エネルギーの教育プログラムをスタートさせ、欧州原子力教育ネットワーク、ＥＮＥＮ（European Nuclear Education Network）（原注1）を発足させた。

原注1：www.enen-assoc.org.

養成機関がこれまで以上にマーケットとぴったり調子を合わせ、就職口を確保されれば学校も企業の要求に合わせて生徒を供給する。ヴァランスがそのいい例である。この大学では、トリカスタンの新しい工場、ジョルジュ・ベスⅡの将来の従業員の養成を目的とした「除染処理」修士課程を創設した。就職口が確保されるならば、こういう課程があるのはごく自然だ。新たに創設された養成機関としては、アルザス州のフェッセンハイム原発の近くにあるオベルネの高等学校がある。この学校では、将来の原発の監視係を養成するために、ロジスティック、メンテナンスなど、原子力環境向きのバカロレア（大学入学資格）を設置した。このあたりでは、若者の就職口は二つしかない。原発か、あるいは、ビヤレストラン（ブラッスリー）である。優位なのは原発の方だ。なぜなら、原発なら、若者は今も、そして将来も、というより、一生そこで働けるからである。原発なら、地方に転勤になることもないし、閉鎖しなければならなくなれば、廃炉・解体の仕事がある。原子力従業員の養成はすでに原発が存在する周辺地域の方が好ましい。技師養成校は、カーン、グルノーブル、パリ、ナント、ブルジュ、モンペリエ、マルセイユにある。技術工についてはその養成校の場所はEDFの一九カ所の生産施設地図にある。

いくつかの最も大きな技術工養成学校も動員されている。それらの学校では、廃棄物処理、水理学、素材の持続性、廃炉・解体、など、いくつかの専門課程がある。他にも、二〇〇九年の新学期に開かれるものもあり、いずれは、毎年二五〇人の若い卒業者を国立原子力科学技術研究所（ＩＮＳＴＮ）に供給することになっていて、徐々に力をつけてきている。二〇〇六年の同研究所からの卒業生は四〇人だったのが、二〇〇八年は九二人である。卒業生の数の回復はこれで十分だろうか?

ＩＮＳＴＮの校長、ローラン・テュルパンによれば、原子力分野への関心が高まっているのは最近のことだが事実である。「学生たちの関心は労働市場次第です。二〇〇六年の同期生は、四〇人から五〇人でした。二〇〇九年九月には、九〇人から一〇〇人の民間人が卒業するでしょう。他に、二〇人ほど、原子力潜水艦基地で勤務する予定の将校が卒業します。現在の学生数は一九七〇年代の数に近いものです」。

募集の事情は国によって異なる。中国、インドでは原子力分野の企業は人を集めるのに何の苦労もない。大国、やはり中国、あるいはアメリカのような大国は、電力生産と正反対の電力需要を制御する方向に向かっている。消費されないエネルギーは生産する必要がない、という原則から発して、アメリカのロッキー・マウンテン研究所、あるいはフランスのネガワット研究所は、エネルギーの節約とエネルギー効率に取り組む。これらの専門家たちは、ネガワット、つまり、生産しなくてよいワットの鉱脈、つまり削減可能な電力をはじき出そうとしている。

アメリカでも、人員に関する状況は同じように深刻である。アメリカ原子力エネルギー協会（ＮＥＩ）によれば、原子力電気会社で働いているエンジニアの三五%は二〇一三年までに引退する。同協会が欧州議会のグリーン・グループのために作成した現状確認書で、マイケル・シユナイダーは、アメリカにおける養成機関(原注1)をリストアップしている。「公共事業のほぼ全社が、学生が卒業する前に大学の出口へ彼らを探しにくる。ウェスティングハウス社は、世界中の二五におよぶ学校、大学で人材を捜す。エネルギー省はある調査で、二〇〇五年に、アメリカの新しい原発建設のインフラに関して、ある種の職業集団（ボイラー製造工、配管工、電気工、冶金工、放射線防護の専門家、メンテナンスのオペレーターと人員など）が「希少価値」(原注2)になったことを示している。最近二十年間の下落の後、卒業生の数は持ち直している。二〇〇六年には三五〇人の学生が原子力の技師になった。二〇〇八年六月、アメリカ物理学会（ＡＰＳ）が発表した膨大な長期的調査報告では将来の不安が示されている。「現在の募集は、連邦の原子力計画に必要不可欠な要素を維持するのには不十分である」と、著者の一人は書いている。大学の原子力工学部は、六六から今では三〇になった。そして、研究用原子炉の数は、六三基から二五基になった。物理学博士の数は、一九七〇年代には毎年約四〇人だったのが、二〇〇三年になると五人以下である！　これは、ＡＰＳの物理学者の批判的なコメントをもたらす。「この問題は、早急に、真剣に取り組むべきである。さもなければ、アメリカは、将来の研究、特に、廃棄物の毒性を制限するための核変換技術を研究する専門家が不足することになる」。

ＡＰＳの物理学者たちは、三つのシナリオを発表している。即ち、現在の原子力艦隊（現在保有している原子炉数）を維持するか、その数を二倍にするか（つまり、二〇五〇年に原子炉二〇〇基）、そして三番目のシナリオが、現在の保有炉数を二倍にすることと退職者の再雇用である。

「二〇一一年に原子力労働者の三五％が引退することで、原子力産業は、現在の保有炉数を運転するためだけでも大量の人員募集をしなければならないのです」と、原子力エネルギー研究所（IEN）のキャロル・ベリガンは説明する。現在の募集計画には、全体の再スタートの可能性が考慮されていない。しかしながら、二〇〇八年に専門技師八〇〇〇人を雇用しなければならないシステムは、二〇五〇年には、二万一五〇〇人を募集しなければならないであろう。

イギリスでは、二〇〇六年、コージェント・レポートが、今後十年間の募集は、主として、引退していく人員の後を埋めることに向けられるだろうとしている。この状況はスペインでも同じである。「ドイツでは、状況は劇的である。原子力に関連する教科を教えている学校施設の数は、二〇〇〇年には二二あったのが、二〇〇五年には一〇になった。一方、一九九三年には四六人の学生が卒業証書を取得したが、一九九七年末から二〇〇二年末の間になると、合計二人しか、原子力分野での勉強を成功裏に終わることができなかった」(原注3)。

この専門能力の不足に対してどのような対策を講じたらよいのか？　経営者たちは、技術補助部門全体を強化するか、あるいは、少なくとも、中枢部門のノウハウの保持を決定すること

原注1：Mycle Schneider & Antony Froggatt, Etat des lieux 2007 de l'industrie nucléaire dans le monde（世界の原子力産業の二〇〇七年の現状確認）。
原注2：MPR《DOE NP 2010 Nuclear Power Plant Construction Infrastructure Assessment》21 octobre 2005
原注3：Mycle Schneider & Antony Froggatt　前掲。

ができる。しかし、これには高いコストがかかるため、運転コストの削減が時として、安全を犠牲にして行なわれることになる。もう一つの解決法は、下請けに助けを求めることである。しかし、彼らの専門知識と経験は限られることが多く、自分たちが関わる原発の安全性について全体的な理解をしているとは限らない。フランスでは、五八基の原発で六〇〇〇人の下請けが介入し、年に八億ユーロの売り上げをあげている。

人間たちは、そこにいると消耗する。ヨーロッパ労働組合研究所で行なわれた二〇〇六年のインタビューで、ロワール県シノン原発の安全衛生および労働条件委員会（ＣＨＳＣＴ）の書記長、ミシェル・ラリエは、ＥＤＦの秘密調査の懸念すべき結果を表明した。「下請け従業員の八四％が、生活と労働条件の劣悪さを理由に、原子力産業から離れたいと望んでいる」。

フィリップ・Ｂは原子力の労働者であることを誇りに思っている。一九八五年にパリュエル原発に来て以来、彼は二十年以上も保守の様々な作業を請け負う下請け会社であるエンデルで働いている。この組合代表は仕事が好きだが、この仕事は彼の健康を害している。組合の役職という立場で、彼は、仕事柄いくつもの健康問題を抱えていると指摘した。四十三歳の彼は、これまでずっと電離放射線の「かなりの量を浴びてきた」ことを認める。少しも後悔はしていないが。「私は原子力の仕事が好きだ。この機械が大好きなんだ」。そして、この愛が、彼にとって今の現実をさらに苦しいものにする。フィリップは何十人もの若者を養成している。しかし、これからは、引き継ぎはもう保証できない。「みんなで心配するべきだ」と彼は予告する。「一九九五年以前は、なんの問題もなかった。一人の若者を養成するのにたっぷり一年かけることができたから。しかし、もはやそれはできない。時間がないんだ。それに若者で、一生、放射線をたっぷり浴び続けることを受け入れる人間は多くない。年寄りはいなくなるし、若いのは長くはいない……。これが原発を動かすことじゃなければ深刻じゃないだろう。原発の外で暮らす人たちの健康を保証しているのは人間という要因なんだ。つまり従業員だよ」。彼は、労働裁判所判事の前では勝利したものの、その発言のために仲間はずれにされた。しかし、原子力産業では、フィリップのような人はそうそうはいない。

二〇〇九年四月、ＥＤＦの社員たちと彼らの同僚の下請け業者たちはストに入った。ダンピエール、ベルヴィル、トリカスタン、ブレイエ、パリュエル、クリュアス、フェッセンハイム、カットノンの原発で、スト参加者たちは恐るべき武器を使った。原子炉の保守と燃料の入れ替え作業を遅らせることだ。原子炉は少なくとも年に一回、保守と燃料の三分の一を入れ替えるために停止する。一日の停止は、ＥＤＦにとって、およそ一〇〇万ユーロの損失になる。

原子力産業のネック

三年。これは、一基の原子炉をメーカーに注文してから一次冷却系の原子炉圧力容器が納品されるまでに要する平均の待ち時間である。この原子炉の部品は日本で生産される。日本には六〇〇トン以上の鋼鉄の塊を加工できる水圧プレス機を供えた世界で唯一の製鉄所があるからだ。EPR、または、第三世代の原子炉圧力容器に限れば、実際、三年は最短時間である。この唯一の会社というのは、日本製鋼所 Japan Steel Works＝JSWという名前で、同社の全生産能力は二〇一二年まで予約済みである。

ＪＳＷは、世界の原子力産業にとって必要不可欠な存在である。一九七四年の創立以来、同社は、現在の世界の原子炉全体の三〇％にあたる一三〇基の原子炉に圧力容器を供給してきた。それだけではない、同社は、圧力容器はもちろん、蒸気発生器、タービンの回転翼など、原子炉のパーツ市場全体の八〇％を獲得しているのである。

二〇〇八年から二〇〇九年にかけての同社の原子力部門の売り上げは、一六・六％増加し、三億八三〇〇万ドルに達した。その売り上げの三分の一は原子炉の圧力容器の部品に相当する。さらに、二〇〇八年の注文は同社の期待を大幅に超えて、二〇〇七年度と比較して四〇％増加した。原子力の増加が今後も続くと確信して同社は注文を受ける。しかし生産スピードを上げることはできない。同社は現在、一年に最大で四基の圧力容器とその関連部品しか生産できない。二〇〇八年十二月、市場の陶酔を前に同社は、二〇一二年までに生産能力を三倍にすると発表した。同社は、特にアレバから、二〇一六年までの注文を受けている。

原子力産業は、この種の一社だけを頼っているわけにはいかない。ＪＳＷはリーダーの地位を保っているものの、同様の製鉄工場は、中国の中国第一重型機械集団公司および中国第二機械集団公司（China First Heavy Industries, & China Erzhong）およびロシア（OMZ Izhora）でも開発されている。

JSW自身も、中国のグループ、上海電気集団（Shanghai Electric Group〔SEG〕）と協力して中国に支社を設立する予定である。同社はまた、韓国の斗山(とさん)原発、フランスのクルーゾのアレバ・グループとも協力して、その生産能力を増やす計画である。因みに、四七基の原子炉はロシアのOMZによって製造された。

なぜ、これらの資材をフランスで製造しないのだろう？　なぜなら、私たちはその能力がないからである。

シャロンの製鉄工場では、アレバは、二五〇トン以上の鋼の塊を加工することはできない。ここの工場の年間生産能力は、一二基の蒸気発生器と、「ある程度の数の圧力容器の蓋」、および、もっと小さな部品に限られている。その能力をすべて合計して、同工場が新しい原子炉に必要な部品のみを生産するとすれば、シャロンの工場は一年につき二基から二・五基の原子炉を作り出すことができるだろう。しかし現実には、同工場は、蒸気発生器や圧力容器の蓋の取り替えなど、発電所の寿命を長引かせるための備品の提供で手一杯なのである。

アメリカでも同様に、新しい原子炉が設置できるかは、その加工部品をしかるべき時と時間に納入できるかどうかのJSWの能力次第で決まる。主要部品（原子炉の圧力容器、蒸気発生器、復水器など）は、アメリカの工場では生産できない。「原子炉の圧力容器（ＲＰＶ）の生産は遅れる可能性がある。なぜなら、日本の納入業者（ＪＳＷ）だけが製造することのできる原子力品質に加工された大きなリングの入手に限度があるからである。圧力容器に必要不可欠な大きな加工部品を、前述の納入業者が予定通りに納入できる能力に応じて、原子炉の圧力容器納入の契約書には、実行期限の追加を盛り込む必要があるかもしれない。この潜在的な障害は、建設計画にとっても深刻なリスクであり、それはまた、プロジェクトの資金面にとってもリスクになりかねない（原注1）」。

原注1：MPR,《DOE NP 2010 Nuclear Power Plant Construction Infrastructure Assessmsnt 》前掲書。

結論

この調査を終えて、私たちは明白な事実の前に屈する。この地球という惑星が、核の汚染地域や、露天のゴミ捨て場、この世の終わりまで作用する放射性物質だらけだということである。

アメリカ合衆国では、軍事原子力誕生の地、ハンフォードは、数千年にわたって汚染され続ける。ヤキマ・インディアンたちは、かつて先祖たちが神々の寛大な加護を祈るために集まった土地を取り戻すことは永遠にできないだろう。ロシアのムスリュモヴォでは、住民たちはすでに五十年以上もの間、露天の放射性廃棄物のゴミ捨て場の中で暮らしている。不運な住民たちは丁重に扱われながらも、汚染された環境の中にうち捨てられ、彼らの健康状態は注意深く観察されている。今日なお、これらロシアの施設は平然と、持続的に、環境や人間たちを汚染している。フランスでは、原子力産業の選択は、原子力絶対派に養われている一握りの推進派グループによって、市民を入れずに行なわれる。再処理について議論されたことは一度もない。しかしながら、アレバとロシアのテネックスの間でかわされた契約では、我々の放射性物質は、そのものの包装以外に何らの保護もなく数千キロを運ばれ、最終的には、シベリアの巨大な露天の駐車場に捨てられるのである。

原子炉の廃棄物に、さらに、施設の解体から生じる最終廃棄物が加わる。ロケの途中で私たちは、北大西洋沿岸、スコットランドのダーンレイに行った。そこで行なわれている研究用原子炉の廃炉解体作業はまさに不条理そのものであった。放射性粒子は波に乗って海岸に流れつく。これについて語られることはほとんどないが、しかし廃炉解体作業は、二十一世紀の原子力産業の重要な挑戦の一つである。原発の寿命は無制限に引き延ばすことはできない。世界中で現在稼働中の四三六基の原子炉全部が(原注1)、二一〇〇年までには取り替えられなければならない。再スタート、あるいはルネッサンスを語る前に、原子力産業は、古い生産ユニットを新しいものに取り替える必要について言及し始めなければならないだろう。これによって何千トンの廃棄物が、現在すでに存在しているものに、加わるだろう。

使用済み核燃料のストックの大部分は、一年に約一万二〇〇〇トン増加し、二〇一〇年には世界で二〇万トンに達し、原子炉の傍らのプールか、再処理工場施設に保管される。アメリカにある一〇四基の原子炉のプールには一基につき、平均四〇〇トンの使用済み核燃料が保管されている。放射性物質の存在がもたらすリスクは地図上の脆弱なポイントになる。

最も危険な最終廃棄物については、最も現代的な解決法として深地層埋蔵がフランスとスウェーデンで採用され、廃棄物処理方法のトップに躍り出ている。しかし今日、原子力の国三一カ国で、高レベル廃棄物の最終貯蔵場所として使われている場所は何処にも存在しない。そして、すでに見てきたように、候補地の地元住民たちはこれに強力に反対している。

放射能のゴミ箱の創設は、多元論の民主主義体制になじむのだろうか？ これは確かではない。プラグマティズムと、金は王者という思想が支配するアメリカ合衆国で、特に、娯楽の首都、ラスベガス周辺では、ユッカ・マウンテンの貯蔵プロジェクトがカジノの経営者たちの激しいロビー活動に抵抗できなかったようだ。しかし、ビュールの、オート・マルヌの砂漠の戦場には日の光はまったく射さず、地元住民たちは、法律にもり込まれた将来の貯蔵場所の受け入れを押しつけられている。

フランスでは、ビュール貯蔵施設の年表が作成された。それによれば、同施設は、その閉鎖後、五世紀の間、監視を続けなければならないとしている。つまり、二六〇〇年から三〇〇〇年という未来である。ゆるぎない政治的決意と、将来のために「凍結された」資金があれば、こ

原注1 世界全体の原子力発電所についてはＩＡＥＡのサイトで見ることができる。www.iaea.org/programmes/a2/index.html.

の監視は可能であろう。たとえ同じ政治制度が五世紀以上、崩壊せずに続くことはほとんどないとしても。すべての問題は、私たちが、数千年、あるいは数万年をこえて記憶を保存できるかどうかにかかっている。

数カ月にわたる調査と、その間に行なわれた数十件のインタビューを通して、私たちの脳裏にゆっくりと一つのイメージが浮かんできた。原子力産業は、放射性遺産の管理についての解決法がみつからないにもかかわらず、いわば、安全な着地点があるかどうかの確認もせずに、複雑な装置を離陸させてしまったのだ。それは、地上のどこにも空港がないのに跳び続ける飛行機のように見える。そしてその飛行機のエンジン用燃料はといえば、資金にせよ、一次素材にせよ、人間にせよ、あるいは産業施設にせよ、決定的に不足することがわかっている。そして、私たちは、この飛行機が墜落しないことを願いながら、それが頭上を旋回するのを見ることを強いられているのである。

エピローグ

二十世紀の人間は、数十万年もの間、有毒であり続ける産物を創り出してしまった。この危険な遺産の存在を、未来の人間たちにどのように伝えたらいいのか。この遺産は多くの問いを発する。その存在を知らせるのにどんな言語がふさわしいか。フランス語、英語、数学、バイナリー・コード？　どんな絵が、シンボルが、しるしがふさわしいか？　どうやって破壊行為を防ぐか？　情報をどこに置くか？　この痕跡を未来の世代はどんな意味にとるだろうか？　どのようにしたら彼らが我々のことを理解すると確信できるか？　これらのゴミの時間の尺度――何百万年、何億年、何十億年、という――について、人間たちは、新しい概念で考える必要がある。それは、宇宙物理学者、天文学者、地質学者、生物学者たちがよく知っている、深淵な時間の概念である。

一九九〇年代、アメリカで、社会学者、考古学者、地質学者、芸術家、風景建築家、機材専門家、天文学者からなる委員会が組織され、放射性廃棄物の保存場所とその記録を一万年以上にわたって伝える方法を考えるパネル・ディスカッションが開かれた。物理学者で、SF作家でもあるグレゴリー・ベンフォードはメンバーに選ばれ、大喜びでこれに参加した。彼は、その作品の中で、(原注1)その時の討議、激論、疑惑についてユーモアたっぷりに書いている。エネルギー省の役人が一九九三年に彼に連絡をとり、このグループに加わるように招待したとき、ベンフォードはあやうく、電話を切ってしまうところだった。とんでもない冗談か間違い電話だと思ったからだ。「しかし、相手が、作業は連邦議会の後援で行なわれる、と言ったとき、これはまじめな話らしいとわかった」のだという。

専門家たちは原始時代まで人類の歴史を遡り、シンボルの中にモデルを求めた。ストーンヘンジ（紀元前一五〇〇年）やピラミッドの建設、ホメロスや聖書が歴史的に理解されたやり方も検討した、しかし、これらの例はやっと二〇〇〇年を遡るだけだ。一万年、あるいは二十万年も遡るものではない。彼らにとっての主たるジレンマ、それは標識であった。遠い子孫たちに、どうやって我々の意図を伝えるか、どんな方法で、どんな標識で、危険な物質が地中に埋まっていることを伝えたらいいのか。ベンフォードは語る。

「我々の子孫との間に言語的な繋がりがすべて失われたずっと後にも、イメージ（絵）がメッセージの意味を運ぶ伝達に役立つだろうというのが、我々がすぐに達した結論だった」。結局、美しい絵は一万語を費やすよりも価値がある、ただし、全ての人が、その絵が喚起する一万語について同意するという条件の下である。たとえば、「インドではむしろ肯定的な意味の宗教的なシンボルだったスバスティカ（svastikaha 鉤十字、まんじ）は、一世紀の間にナチスの紋章になってしまった」とベンフォードは強調する。「我々が伝えたいメッセージは四つの言葉だ。毒性、危険、放射能、立ち入り禁止！」。あるいはこれと同じような言葉である。最初に、放射能をどのようにシンボライズしたらいいのか？ 核の周囲をウラン原子および三つの楕円が取り囲んでいるのはどうか？ これだともしかしたら太陽系と混同されるかもしれない。それでは、放射能のシンボルではどうか？ 黒い環の中の黄色い三つ葉……「しかしこれだと人によっては、潜水艦の推進装置（スクリュー）とか、花の模様か紋章と思うかもしれない」。人類学者たちはそこで、頭蓋骨と交差した脛骨（脚の骨）はどうかと進言した。「そうしたら、一人の歴史学者がすぐさま言った。錬金術師にとって、頭蓋骨と脛骨は復活のシンボルであると。すると、心理学者が、三歳の子供たちとの、実にためになる経験を披露した。「もしもそのシンボルがビンに貼ってあれば、彼らは不安げに『毒だ！』と叫ぶ。しかし、そのシンボルが壁に留めてあれば、幼児たちは大喜びで『海賊だ！』と叫ぶと」。[原注1] ドイツの社会学者、ウルリッヒ・ベックは、二〇〇八年に発行された新聞の論説欄で、この作業についてこう語っている。「ごらん

原注1：Deep Time. How Humanity Communicates Across Millenia, Avon Bard Books, 1999. および、ウェブサイト　www.physics.uci.edu/˜silverma/benford.html

のように、原子力を使うことによって、我々が世界に取り込んでしまった危険について、未来の世代に伝えるという難題に立ち向かうには、我々の言語では適応できないのである」。こうした作業の枠内で、アメリカ人たちは、インド人たちの伝達の方法を知るために彼らの国に助けを求めた。インド人が勧めたのは、墓を設置するか、神話を創り出す、ということだった。

グレゴリー・ベンフォードが言うには、誰かがある方法を提案する度に、他の誰かが反対して、議論はすぐ行き詰まり、その度にぐったり疲れはしたものの、この仕事はとても面白かった。そして作業を続けるうちに、二つの選択が採用された。巨大建築物（巨石建造物＝ドルメン、ピラミッド）、および、口承（神話、伝説）である。たとえ巨大建築物が消失してしまうことが多いにしても、その神話は生きのびる。残るは、放射性廃棄物の深地層埋蔵にふさわしい伝説を作り上げることである。

原注1：Le Monde, 7 août 2008 ルモンド、二〇〇八年八月七日

補遺

用語リスト（本文中に＊印で示されている用語）

ANDRA　Agence nationale pour la gestion des déchets radioactifs
フランス放射性廃棄物管理庁

AEN　Agence pour l'énergie nucléaire
= NEA　Nuclear Energy Agency（of the OECD）
ＯＥＣＤ原子力機関

AIEA　Agence international pour l'énergie atomique
=IAEA　International Atomic Energy Agency
国際原子力機関

ASN Autorité de sûreté nucléaire
フランス原子力安全局

CEA Comissariat à l’énergie atomique
フランス原子力・代替エネルギー庁

CIPR =ICRP Commission internationale de protection radiologique
International Commission on radiological Protection
国際放射線防護委員会

CRIIRAD Commission de recherche et d’information indépendantes sur la radioactivité
放射線独立情報・調査委員会

DOE Department of Energy
アメリカ・エネルギー省

EPA Environment Protection Agency, Agence de protection environnementale

アメリカ・環境保護庁

INSTN　Institut national des sciences et techniques nucléaires
フランス・国立原子力科学技術研究所

IRSN　Institut de radioprotection et de sûreté nucléaires
フランス放射線防護原子力安全研究所

NRC　Nuclear Regulatory Commission
アメリカ・原子力規制委員会

PGEN　Partenariat global pour l'énergie nucléaire
= GNEP　Global Nuclear Energy Partnership
国際原子力パートナーシップ

URT　Uranium de retraitement
再処理ウラン

燃料集合体（あるいはその組立て）／Assemblage combustible

核燃料のペレット（約三〇〇個）で満たされた長さ約四mの燃料棒の装備一式、あるいはその組立て

ベクレル／Becqurel（Bq）

放射能を発見したフランス人物理学者の名前からとったもの。一秒あたりの核の崩壊に相当する放射能の量を測定する国際法定単位（一キュリー＝三七〇億Bq）。この単位は、あまりに低い放射能を表すので、通常はその倍数を使う。MBq（メガ・ベクレル、あるいはミリオン・ベクレル）、GBq（ギガ・ベクレル、あるいは一〇億ベクレル）、TBq（テラ・ベクレル、あるいは一兆ベクレル）。自然の放射能では、じゃがいも一kgで一〇〇〜一五〇Bq、牛乳では一リットルあたり八〇Bq、花崗岩質の土では一kgあたり八〇〇〇Bqである。人体の自然な放射能は約一万Bq、体重一キロあたり一三〇Bqである。

セシウム137／Césium 137（Cs 137）

放射性元素、半減期は三〇・一五年。このセシウムの同位元素は、ベータ線とガンマ線を放出する。セシウム137は大気圏内核実験よって、また、原子力発電所の事故によって地球上に撒き散らされた。環境の中では、食物連鎖（きのこ、草、牛乳、魚肉や獣肉）の中に集中しやすい。人体に吸収されると筋肉中に分散する。その生物学的半減期は一〇〇日で、

その期間の終わりに組織から排出される。

使用済み核燃料貯蔵用コンテナ（キャスク）／Châteaux à sec.

原子力発電所の近くの地面に埋め込まれた巨大なコンテナで、その中に使用済み核燃料を保管する。アメリカで採用される保管方法。

核燃料／Combustible nucléaire

ウラン、または、ウランとプルトニウムの混合物をもとに作られる。

汚染／Contamination

ある物質、あるいはある環境における、ある科学物質あるいはある異物の存在。

燃料サイクル／Cycle du combustible

鉱石の採掘から、製造、原子炉への投入、再処理を経て、廃棄物の保管に至る、核燃料のすべての段階。

放射性（核）廃棄物／Déchets radioactifs

原子力産業の再利用不能な副産物。放射性の濃度により四種類の廃棄物に分けられる。

—非常に低レベル放射性廃棄物（TFA）。

—低レベル放射性廃棄物（FA）、例えば、工業的生産や保守の過程で生じた、手袋、オーバーブーツ、防護マスクなど。

—中レベル放射性廃棄物、例えば、生産設備や測定機器の解体から出る部品など。

—高レベル放射性廃棄物、主として核分裂の産物。

廃炉・解体／Démantèlement
原子力施設の操業停止に続く段階をさす言葉。その閉鎖から、物理的解体、すべての機材の除染を経て、施設全体の放射能除去まで。

放射線量／Dose
—吸収線量／dose absorbée
物質に吸収された放射能の測定値を表わし、グレイ（Gy）で測定される。吸収線量は、放射能の種類（アルファ、ベータ、ガンマ）には左右されない。二〇〇三年まではレントゲンが、より最近ではラド（rad=radiation absorbed dose» の略、1 Gy ＝ 100 rad）が使われていた。
—被曝等価線量／dose équivalente
異なった種類の放射線の生体組織への影響を考慮することができる。例えば、一グレイのアルファ線は、一グレイのベータ線より強い影響がある。被曝等価線量は、シーベルト

（Sv）で測定される。実際には吸収線量に放射線の因子負荷量をかけたものである。一シーベルトは非常に大きな量を表わし、通常はミリシーベルト（mSv）が使われる。この単位は、放射性防護に関して最もよく使われ、「人間のためのレントゲンの等価」（rontgen equiva-lent for man=rem）に代わるもので、1 rem = 10^{-2}Sv. である。

—実効線量／dose efficace

放射線を受けた組織の種類を考慮することができる。やはり、シーベルトで測定される。被曝等価量に、細胞組織の因子負荷量をかけたものである。この因数は各器官の放射線感受性によって異なるだけでなく、放射線の照射（被曝）によって誘発される癌の深刻さ（つまり死亡率）によっても異なる。

レントゲン、シーベルト、グレイ、ラドの間には、必ずしも対応関係はない。さらに、各単位のかけ算が、一般にはいっそうわかりにくいものになっている。

廃液・廃ガス／Effluent

人間の活動によって作られ、放射性あるいは非放射性の汚染物質を含む流体（気体、液体）で、再処理施設に送られるか、あるいは環境に放棄される。

中間貯蔵／Entreposage

廃棄物の暫定的保管措置。再び取り出されるまでの間、地上あるいは地下の浅い所に作られた施設に一時的に廃棄物を置く処理。

ユウロピウム152／Europium 152（Eu152）

人工放射性元素、半減期は十三年。

露出、被曝（外部被曝／内部被曝）／Exposition

一般的に人間が自分の体の外側からの放射線に照射されることを外部被曝という。また、自分の体内に取り込まれた放射線に照射されることを内部被曝という。

核分裂／Fission nucléaire

ウラン235が、中性子とぶつかって分裂するような、原子炉内の核の分裂反応。ウラン235の核分裂は、粒子（中性子）、放射線、熱の放出、すなわち、エネルギーの放出を伴う。

照射、被曝／Irradiation

放射線への露出、転じて、放射線への露出の影響。

放射能の半減期／Période radioactive ou demi-vie

放射性元素によって、放射性の期間は数ミリ秒のものから、数十億年のものまで、様々である。一放射性期間の間に、放射性元素はその放射能の半分を失う（半減期）。放射性元素が放射性を完全に失うには、放射性期間の一〇倍の時間が必要とされる。

（冷却）プール／Piscine

放射能を帯びた核燃料を入れておく保管場所。プールの水（水深九ｍまで）は、使用済み燃料集合体の放射線をストップする。

プルトニウム／Plutonium

プルトニウム２３９は、原子炉内で、ウラン２３８から生産される。初期の原子炉は、爆弾に使うプルトニウム２３９を生産するために考案された。再利用されたとしても、プルトニウムは、その半減期の長さと、比較的大量に生産されるため、厄介な廃棄物である。プルトニウム２３９の半減期は二万四千百年である。また、プルトニウムは、有毒化学物質でもある。汚染は、飲食、吸引、皮膚を通じて、骨や、肝臓や肺といった臓器に固着し、その生物的半減期は数十年である。

放射能／Radioactivité

ある種の原子核が持つ特性で、自然にそして自発的に崩壊し、別の元素をつくり、粒子あるいは電磁放射線を発する。この場合、放射能は自然である。原子核を衝撃する時にはそれが人工的になりうる。放射能には三種類がある。アルファ（アルファ粒子を発する）、ベータ（エレクトロン＝電子を発する）、ガンマ（電磁波、あるいは光子を発する）である。これらの放射線を全部まとめて電離放射線と総称する。

電離放射線／Rayonnement ionisant

粒子、あるいは物質（プロトン、エレクトロン＝電子、ニュートロン）の電磁波の流れ。これらの放射線は、原子から電子（エレクトロン）を引き離し、その軌道上に電離原子（つまり、電荷のキャリア）を残す。アルファ放射線は紙一枚で、ベータ放射線はアルミ箔一枚で、ガンマ放射線は大量の水か鉛で遮られる。

原子炉／Réacteur nucléaire

その中で核反応を操作する設備。核反応から出る熱を利用して水を沸騰させて蒸気をつくる。蒸気を使って発電機のタービンを動かす。原子炉の種類は、燃料、核反応を制御する減速材、熱を回収して排出する冷却剤の性質によって異なる。ＥＤＦのＥＰＲは、濃縮ウラン、および反応の減速と熱の移動のために圧力を加えた軽水を用いている。

再処理／Retraitement

使用済み核燃料を、反応廃棄物（核分裂の産物、四％）、プルトニウム（一％）、ウラン（九五％）に分離する作業。

シーベルト／Sievert（Sv）

現代の放射線防護の創始者とされるスウェーデンの物理学者の名前からとったもので、実効線量を測定する単位。実効線量は、放射線の性質、および該当する器官または組織によって異なる係数を適用して測定される。フランスにおける国民一人あたりの、自然から出る放射線（土、大気など）の年間被曝量は、平均二・四mSv（ミリシーベルト）である。国際放射線防護委員会（ＩＣＲＰ）は、厳密な自然界の放射線と医療用の放射線を別にして、年間最大許容量を一mSvに定めている。

（核廃棄物の）保管、貯蔵、埋蔵／Stockage

人々の健康保護、安全、環境を尊重しつつ、潜在的に最終的な保管になる可能性のあるやり方で特別に整備された施設に廃棄物を置くこと。ビュール研究所が予定している核廃棄物の深地層埋蔵がこれにあたる。

ストロンチウム９０／Strontium 90（Sr 90）

自然な状態では存在しないもので、これが地上に存在する原因は、一つは、大気圏内核実験、もう一つは原子力施設に限られる。ストロンチウム９０は、原子炉内の核分裂によって作られる。ラ・アーグ、およびセラフィールドの再処理工場は、同じように、ストロンチウムを液体と気体の形で放出している。

トリチウム／Tritium（H3）

水素の放射性同位体で、ベータ放射線を発する。トリチウムは宇宙の放射線によって大気中にごくわずか作られる以外には、我々の自然環境には存在しない。トリチウムは酸素と結びついて三重水素（トリチウム）をつくる。生物的半減期は複数あり、一部は水分の循環を通してＤＮＡに固着し、内部被曝をもたらす。

テクネチウム９９／Technétium 99（Tc 99）

この放射性元素の起源は、基本的に再処理工場である。なぜなら、核分裂の産物の中にこれがみつかるからである。ベータ放射線を発し、半減期は二十一万年を超える。

ウラン／Uranium（U）

自然環境に存在する金属。岩、水、空気、植物、動物、そして人体に存在し、その量は様々である。地殻全体に存在するが、特に花崗岩質の地層、堆積層では３g/t（トン当たり３グラム）

の割合で見つかる。また、川によって運ばれ、海や、地表の水や、鉱水にも存在する。

（放射性廃棄物の）ガラス固化／Vitrification

再処理のために使用された核燃料から抜き取られた分裂物質を集め、ペースト状のガラスと一緒に高温で混ぜあわせ、固化する作業。

放射性元素に関するさらに詳しい情報は、フランス放射線防護原子力安全研究所のサイトを参照されたし。（www.irsn.org.）

参考文献

Les 100 Mots du nucléaire Anne Lauvergeon et Bertrand Barré, RUF, 2009
『原子力の１００の言葉』アンヌ・ロベルジョン&ベルトラン・バレ

La Troisième Révolution énergétique Anne Lauvergeon et Michel-Hubert Jamard, Plon, 2008
『第三のエネルギー革命』アンヌ・ロベルジョン&ミシェル＝ユベール・ジャマール

Le Complexe atomique Bertrand Goldshmidt, Fayard, 1980
『アトミック・コンプレックス』ベルトラン・ゴールドシュミット

Les Déchets nucléaires. Le connaître, nous en protéger, Armand Faussat, Stock,1997
『放射能廃棄物。それを知り、自分たちを護ること』アルマン・フォーサ

Feux Folles et champignons nucléaire, Georges Charpak, Richard L. Garwin, Odile Jacob, 2000
『狂った炎とキノコ雲』ジョルジュ・シャルパク、リシャール・L・ガルヴァン

Les jeux de l'atome et du hasard. Les grands accidents nucleaires de Windscale àThernobyl.De tel accident peuvent-ils survenir en France ? Jean-Pierre Pharabod, Jean-Paul Schapira, Calmann-Lévy, 1988
『原子ゲームと事故、ウィンズケールからチェルノブイリに至る原子力の大事故、こうした事故はフランスでも起こりうるのか?』ジャン＝ピエール・ファラボ、ジャン＝ポール・シャピラ

Désastre nucléaire en Oural, Jaurès Medvedef, Édition Isoète, 1988
『ウラルの核惨事』ジョレス・A・メドベージェフ（邦訳：梅林宏道訳　技術と人間社　１９８２年）

Hiroshima est partout, Gunther Anders, préface de Jean-Pierre Dupuy, Seuil, 2008
『どこにでもあるヒロシマ』ギュンター・アンデルス、前書き　ジャン＝ピエール・デュピュイ

Le principe responsabilité. Une éthique pour la civilisation technologique
Hans Jonas, Flammarion, 1979
『責任の原則。テクノロジー文明の倫理』ハンス・ジョナス

Vers un Tchernobyl français ? Eric Ouzounian, Nouveau Monde éditions, 2008
『フランスのチェルノブイリに向かって?』エリック・ウズニアン

Atomic Park, Jean-Philippe Desbordes, Actes Sud, 2006
『アトミック・パーク』ジャン＝フィリップ・デボルド

Nucléaire, le débat public atomisé Marie Masala, L'Harmattan, 2007
『原子力、分裂する世論』マリー・マサラ

図表１　アレバによる核燃料サイクル

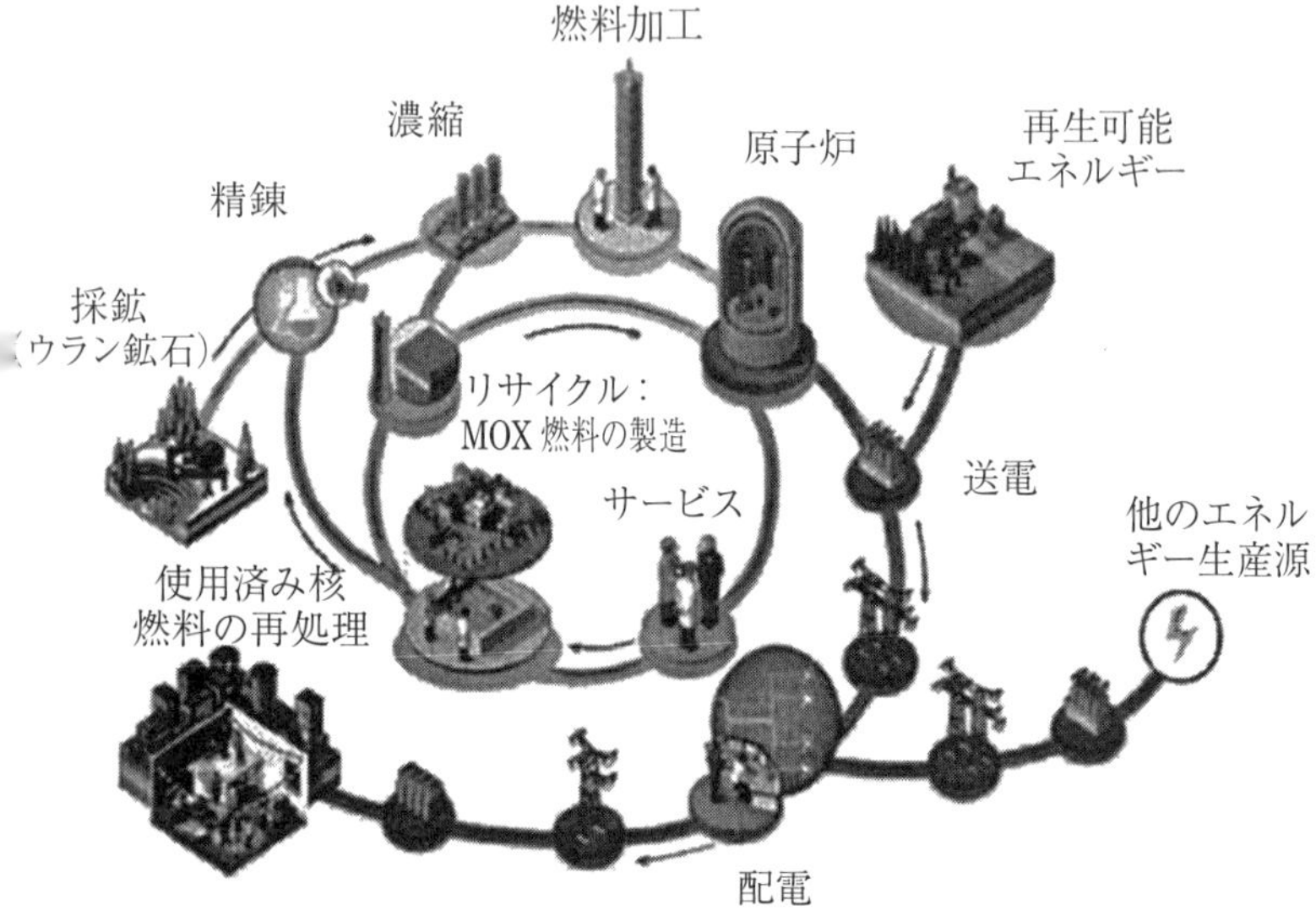

廃棄物については何も記されていない

図表２　廃棄物の分類

ANDRA（フランス放射性廃棄物管理庁）による廃棄物の分類表

管理システム毎の放射性廃棄物の分類（2008年4月16日のPNGMDR政令による）

期間／放射能	ごく短い寿命 半減期　<　100日	短い寿命 半減期　≦　31年 (1)	長い寿命 半減期　>　31年 (1)
ごく低レベルの放射性	生産施設での放射性低減管理、ついで、通常システムにおける除去	地上の保管 （黎明期の、ごく低レベルの放射性廃棄物保管センター）リサイクル・システム	
低レベルの放射性		地上の保管 （黎明期の低レベル、および中レベルの放射性廃棄物保管センター）	浅い地層での保管(2) 2006年6月28日の放射性物質および廃棄物の恒久的管理に関する計画法案、第4条の枠内で調査中
中レベルの放射性			深い地層での保管(3) 2006年6月28日の放射性物質および廃棄物の恒久的管理に関する計画法案第3条の枠内で調査中
高レベルの放射性		深い地層での保管(3) 2006年6月28日の放射性物質および廃棄物の恒久的管理に関する計画法案第3条の枠内で調査中	

(1)短い寿命と長い寿命の境界はセシウム137の半減期、すなわち31年を若干下回る値だが、この表では単純化して、そのすぐ上の整数値の31年とした。

(2)浅い地層での保管とは、地表と地下200 mの間を意味する。

(3)深い地層とは、《地下200 m以上の深さ》を意味する。ANDRAによって、ムーズ－オート・マルヌの地下研究所の周囲に2005年に定められた250㎡の置換地帯に深地層貯蔵計画が開発されており、これは、寿命の長い、高レベルおよび中レベルの放射性廃棄物を保管するためで、地下500 mの一つの粘土層（Calllovo-Oxfordien）に一つのみの保管である。

注：トリチウム化した廃棄物については、予め放射能減少処理と中間貯蔵を経なければ、地上の保管場所で受け入れることはできない。

・封印された発生源を、現存の、あるいは計画中の原発内で保管できるようにする方法については、現在、ANDRAによって、フランス放射性物質および廃棄物管理計画の枠内で調査されている。

図表３　世界の原子力発電所

（2012年３月、ＷＮＡ世界原子力協会作成）

国	原子力発電量 2010年度		稼働可能な原子炉 2012年３月		建設中の原子炉 2012年３月		計画中の原子炉 2012年３月		提案中の原子炉 2012年３月		ウランの必要量 2012年
	10億 kWh	%	数	Mwe	数	Mwe	数	Mwe	数	Mwe	トン U
アルゼンチン	6.7	5.9	2	935	1	745	2	773	1	740	124
アルメニア	2.3	39.4	1	376	0	0	1	1060			64
バングラディッシュ	0	0	0	0	0	0	2	2000	0	0	0
ベラルーシ	0	0	0	0	0	0	2	2000	2	2000	0
ベルギー	45.7	51.2	7	5943	0	0	0	0	0	0	995
ブラジル	13.9	3.1	2	1901	1	1405	0	0	4	4000	321
ブルガリア	14.2	33.1	2	1096	0	0	2	1900	0	0	313
カナダ	85.5	15.1	17	12044	3	2190	3	3300	3	3800	1694
チリ	0	0	0	0	0	0	0	0	4	4400	0
中国	71.0	1.8	15	11881	26	27640	51	57480	120	123000	6550
チェコ共和国	26.4	33.2	6	3764	0	0	2	2400	1	1200	583
エジプト	0	0	0	0	0	0	1	1000	1	1000	0
フィンランド	21.9	28.4	4	2741	1	1700	0	0	2	3000	471
フランス	410.1	74.1	58	63130	1	1720	1	1720	1	1100	9254
ドイツ	133..0	28..4	9	12003	0	0	0	0	0	0	1934
ハンガリー	14.7	42.1	4	1880	0	0	0	0	2	2200	331
インド	20.5	2.9	20	4385	6	4600	17	15000	40	49000	937
インドネシア	0	0	0	0	0	0	2	2000	4	4000	0
イラン	0	0	1	915	0	0	2	2000	1	300	170
イスラエル	0	0	0	0	0	0	0	0	1	1200	0
イタリア	0	0	0	0	0	0	0	0	10	17000	0
日本	280.3	29.2	51	44642	2	2756	10	13772	5	6760	4636
ヨルダン	0	0	0	0	0	0	1	1000			0
カザフスタン	0	0	0	0	0	0	2	600	2	600	0

北朝鮮	0	0	0	0	0	0	0	0	1	950	0
韓国	141.9	32.2	23	20787	3	3800	6	8400	0	0	3967
リトアニア	0	0	0	0	0	0	1	1350	0	0	0
マレーシア	0	0	0	0	0	0	0	0	2	2000	0
メキシコ	5.6	3.6	2	1600	0	0	0	0	2	2000	279
オランダ	3.75	3.4	1	485	0	0	0	0	1	1000	102
パキスタン	2.6	2.6	3	725	1	340	1	340	2	2000	117
ポーランド	0	0	0	0	0	0	6	6000	0	0	0
ルーマニア	10.7	19.5	2	1310	0	0	2	1310	1	655	177
ロシア	159.4	17.1	33	24164	10	9160	17	200000	24	24000	5488
サウジアラビア	0	0	0	0	0	0	0	0	16	20000	0
スロヴァキア	13.5	51.8	4	1816	2	880	0	0	1	1200	307
スロヴェニア	5.4	37.3	1	696	0	0	0	0	1	1000	137
南アフリカ	12.9	5.2	2	1800	0	0	0	0	6	9600	304
スペイン	59.3	20.1	8	7448	0	0	0	0	0	0	1355
スウェーデン	55.7	38.1	10	9399	0	0	0	0	0	0	1394
スイス	25.3	38.0	5	3252	0	0	0	0	3	4000	527
タイ	0	0	0	0	0	0	0	0	5	5000	0
トルコ	0	0	0	0	0	0	4	4800	4	5600	0
ウクライナ	83.95	48.1	15	13168	0	0	2	1900	11	12000	2348
アラブ首長国連邦	0	0	0	0	0	0	4	5600	10	14400	0
イギリス	56.9	15.7	17	101607	0	0	4	6680	9	12000	2096
アメリカ	807.1	19.6	104	101607	1	1218	11	13260	19	25500	19724
ヴェトナム	0	0	0	0	0	0	4	4000	6	6700	0
世界全体 (**)	2630	13.8	435	372,158	60	60,854	163	181,645	329	376,255	67,990

出典：原子炉データ：2012 年 3 月 1 日、WNA （停止したドイツの 8 基は除く）
原子力発電量、及び電気の割合（% e）：IAEA　2011 年 6 月 13 日
U（ウラン）：WNA 世界核燃料市場レポート 2011 年 9 月
＊＊世界全体の数字には台湾で稼働中の 6 基が含まれている。その合計発電能力は 4927MWe、2010 年の発電量は 399 億 kWh（台湾の総発電量の 19.3%）。
台湾に建設中の原子炉は 2 基、その合計発電能力は 2700MWe。提案中のものが 1 基で 1350MWe。2012 年に予想されるウランの必要量は 1291。

謝辞

エリック・ゲレには、なによりも、それが必要なときに私を信頼してくれたことに。

ミッシェル・リヴァジとジャン＝リュック・ティエリに、オリジナル・ドキュメンタリーフィルムの二人の作者に。

ボンヌ・ピオッシュ、私たちのプロデューサーに、私たちに自由にやらせてくれたことに。

グリーンピースのメンバーたち、アメリカのトム・クレマンス、ジム・リッチオ、ロシアのウラジーミル・チュプロフ、スコットランドのショーン・バーニー、フランスのヤニック・ルスレとフレデリック・マリリエに。

ワイズ・パリのイヴ・マリニャックに、そしてマイケル・シュナイダーに。

監視し、情報を伝える全ての人々に。

ＣＲＩＩＲＡＤにありがとう。

エリックにはその忍耐力に、アレクサンドラには彼女の助言に。

エマニュエル、リーズ、そしてエマニュエルには彼らのサポートに。

この本の内容に関する情報は、下記、Six pieds sur Terre を参照ください。
http://environnement.blogs.liberation.fr

著者へのコンタクトは左記へ
sixpiedssurterre@gmail.com

［著者略歴］

ロール・ヌアラ（LAURE NOUALHAT ）

フランスの日刊紙 『リベラシオン』の記者。原子力、および環境問題を専門にしている。

2009年にArteが制作したドキュメンタリー映画（“DÉCHETS, LE CAUCHEMAR DU NUCLÉAIRE”（*）ではレポーターとして出演、本書はその記録である。自身のブログ、Six pieds sur Terre で、気候変動、エコロジー、環境問題について語り、2011年9月からは、インターネット配信の動画サイト、『ブリジェット・キョートの一分間』をスタートさせ、おかしなキャラクター、ブリジットに扮して、毎回、ユーモアと皮肉たっぷりにエコロジーについて語っている。

（＊ DVD：邦題『放射性廃棄物～終わらない悪夢』は竹書房から発売）

［訳者略歴］

及川美枝（おいかわ　みえ）

早稲田大学仏文学科卒、翻訳家。

主な訳書に、『海賊の歴史』（創元社）、『北朝鮮の真実』（角川書店）、『怠けものよこんにちは』（ダイヤモンド社）、『崇高なるソクラテスの死』、『デカルト氏の悪霊』（ディスカバー21）など。

放射性廃棄物(ほうしゃせいはいきぶつ)——原子力(げんしりょく)の悪夢(あくむ)

2012年4月15日　初版第1刷発行　　定価2300円＋税

著　者　ロール・ヌアラ
訳　者　及川美枝
発行者　高須次郎
発行所　緑風出版 ©
〒113-0033　東京都文京区本郷2-17-5　ツイン壱岐坂
［電話］03-3812-9420　［FAX］03-3812-7262［郵便振替］00100-9-30776
［E-mail］info@ryokufu.com［URL］http://www.ryokufu.com/

装　幀　斎藤あかね
制　作　R 企 画　　印　刷　シナノ・巣鴨美術印刷
製　本　シナノ　　用　紙　大宝紙業・シナノ　　E1200

ISBN978-4-8461-1206-6　C0036

◎緑風出版の本

■全国どの書店でもご購入いただけます。
■店頭にない場合は、なるべく書店を通じてご注文ください。
■表示価格には消費税が加算されます。

原発閉鎖が子どもを救う
乳歯の放射能汚染とガン

ジョセフ・ジェームズ・マンガーノ著／戸田清、竹野内真理 訳

A5判並製 二七六頁 2600円

平時においても原子炉の近くでストロンチウム90のレベルが上昇する時には、数年後に小児ガン発生率が増大すること、ストロンチウム90のレベルが減少するときには小児ガンも減少することを統計的に明らかにした衝撃の書。

チェルノブイリと福島

河田昌東 著

四六判上製 一六四頁 1600円

チェルノブイリ事故と福島原発災害を比較し、土壌汚染や農作物、飼料、魚介類等の放射能汚染と外部・内部被曝の影響を考える。また放射能汚染下で生きる為の、汚染除去や被曝低減対策など暮らしの中の被曝対策を提言。

放射線規制値のウソ
真実へのアプローチと身を守る法

長山淳哉著

四六判上製 一八〇頁 1700円

福島原発による長期的影響は、致死ガン、その他の疾病、胎内被曝、遺伝子の突然変異など、多岐に及ぶ。本書は、化学的検証の基、国際機関や政府の規制値を十分の一すべきであると説く。環境医学の第一人者による渾身の書。

脱原発の経済学

熊本一規著

四六判上製 二三二頁 2200円

脱原発すべきか否か。今や人びとにとって差し迫った問題である。原発の電気がいかに高く、いかに電力が余っているか、いかに地域社会を破壊してきたかを明らかにし、脱原発が必要かつ可能であることを経済学的観点から提言。